smart is sexy
Orbi.kr

KB199646

이제 **오르비**가
학원을 재발명합니다

대치 오르비학원 내신관/학습관/입시센터 | 주소 : 서울 강남구 삼성로 61길 15 (은마사거리 도보 3분)
대치 오르비학원 수능입시관 | 주소 : 서울 강남구 도곡로 501 SM TOWER 1층 (은마사거리 위치)
| 대표전화 : 0507-1481-0368

오르비학원은

모든 시스템이 수험생 중심으로 더 강화됩니다.

모든 시설이 최고의 결과가 나올 수 있도록 설계됩니다.

집중을 위해 오르비학원이 수험생 옆으로 다가갑니다.

오르비학원과 시작하면

원하는 대학문이 가장 빠르게 열립니다.

출발의 습관은 수능날까지 계속됩니다.

형식적인 상담이나

관리하고 있다는 모습만 보이거나

학습에 전혀 도움이 되지 않는

보여주기식의 모든 것을 배척합니다.

쓸모없는 강좌와 할 수 없는 계획을 강요하거나

무모한 혹은 무리한 스케줄로

1년의 출발을 무의미하게 하지 않습니다.

형식은 모방해도 내용은 모방할 수 없습니다.

smart is sexy

Orbi.kr

출발의 습관은 수능날까지 계속됩니다.

개인의 능력을 극대화 시킬 모든 계획이 오르비학원에 있습니다.

랑데뷰
N 제

킬러극킬
수 학 I

랑데뷰세미나

저자의
수업노하우가 담겨있는
고교수학의 심화개념서

★ 2022 개정교육과정 반영

랑데뷰 기출과 변형 (총 5권)

최신 개정판

- 1~4등급 추천(권당 약 400~600여 문항)

Level 1 - 평가원 기출의 쉬운 문제 난이도
Level 2 - 준킬러 이하의 기출+기출변형
Level 3 - 킬러난이도의 기출+기출변형

모든 기출문제 학습 후 효율적인 복습
재수생, 반수생에게 효율적

〈랑데뷰N제 시리즈〉

라이트N제 (총 3권)

- 2~5등급 추천

수능 8번~13번 난이도로 구성

총 30회분의 시험지 타입
- 회차별 공통 5문항, 선택 각 2문항
  총 11문항으로 구성

독학용 일일학습지
또는 과제용으로 적합

랑데뷰N제 쉬사준킬 최신 개정판

- 1~4등급 추천(권당 약 240문항)

쉬운4점~준킬러 문항 학습에 특화
실전개념 및 스킬 등이 포함된
문제와 해설로 구성

기출문제 학습 후 독학용
또는 학원교재로 적합

랑데뷰N제 킬러극킬 최신 개정판

- 1~2등급 추천(권당 약 120문항)

준킬러~킬러 문항 학습에 특화
실전개념 및 스킬 등이 포함된
문제와 해설로 구성

모의고사 1등급 또는 1등급 컷에
근접한 2등급학생의 독학용

〈랑데뷰 모의고사 시리즈〉 1~4등급 추천

랑데뷰 폴포 수학1,2

- 1~3등급 추천(권당 약 120문항)

공통영역 수1,2에서 출제되는
4점 유형 정리

과목당 엄선된 6가지 테마로 구성
테마별 고퀄리티 20문항

독학용 또는 학원교재로 적합

최신 개정판

싱크로율 99% 모의고사

싱크로율 99%의 변형문제로 구성되어
평가원 모의고사를 두 번 학습하는 효과

랑데뷰☆수학모의고사 시즌1~2

매년 8월에 출간되는 봉투모의고사
실전력을 높이기 위한
100분 풀타임 모의고사 연습에 적합

랑데뷰 시리즈는 **전국 서점** 및 **인터넷서점**에서 구입이 가능합니다.

수능 대비 수학 문제집 **랑데뷰N제 시리즈**는 다음과 같은 난이도 구분으로 구성됩니다.

1단계 – 랑데뷰 쉬삼쉬사 [pdf : 아톰에서 판매]

⇨ 기출 문제 [교육청 모의고사 기출 3점 위주]와 자작 문제로 구성되었습니다.
어려운 3점, 쉬운 4점 문항

교재 활용 방법

① 오르비 아톰의 전자책 판매에서 pdf를 구매한다.
② 3점 위주의 교육청 모의고사의 기출 문제와 조금 어렵게 제작된 자작문제를 푼다.
③ 3~5등급 학생들에게 추천한다.

2단계 – 랑데뷰 쉬사준킬 [종이책]

⇨ 변형 자작 문항(100%)
쉬운 4점과 어려운 4점, 준킬러급 난이도 변형 자작 문항 (쉬사준킬의 모든 교재의 문항수가 200문제
이상)이 출제유형별로 탑재되어 있음

교재 활용 방법

① 랑데뷰 [기출과 변형] 문제집과 같은 순서로 유형별로 정리되어 기출과 변형을 풀어본 후 과제용으로
　　풀어보면 효과적이다.
② [기출과 변형]과 병행해도 좋다. [기출과 변형]의 단원별로 Level1, level2까지만 완료 한 후 쉬사준킬의
　　해당 단원 풀기
③ 준킬러 문항을 풀어내는 시간을 단축시키기 위한 교재이다. N회독 하길 바란다.
④ 학원 교재로 사용되면 효과적이다.
⑤ 1~4등급 학생들에게 추천한다.

3단계 – 랑데뷰 킬러극킬 [종이책]

⇨ 변형 자작 문항(100%)
킬러급 난이도 변형 자작 문항(킬러극킬의 모든 교재의 문항수가 100문제 이상)이 탑재되어 있음

교재 활용 방법

① 랑데뷰 [기출과 변형]의 Level3의 문제들을 완벽히 완료한 후 시작하도록 하자.
② 킬러 문항의 해결에 필요한 대부분의 아이디어들이 킬러극킬에 담겨 있다.
③ 1등급 학생들과 그 이상의 실력을 갖춘

조급해하지 말고 자신을 믿고 나아가세요. 길은 있습니다. [휴민고등수학 김상호T]

출제자의 목소리에 귀를 기울이면, 길이 보입니다. [이호진고등수학 이호진T]

부딪혀 보세요. 아직 오지 않은 미래를 겁낼 필요 없어요. [평촌다수인수학학원 도정영T]

괜찮아, 틀리면서 배우는거야 [반포파인만고등관 김경민T]

해뜨기전이 가장 어둡잖아. 조금만 힘내자! [한정아수학학원 한정아T]

하기 싫어도 해라. 감정은 사라지고, 결과는 남는다. [떠매수학 박수혁T]

Step by step! 한 계단씩 밟아 나가다 보면 그 끝에 도달할 수 있습니다. [가나수학전문학원 황보성호T]

너의 死活걸고. 수능수학 잘해보자. 반드시 해낸다. [오정화대입전문학원 오정화T]

넓은 하늘로의 비상을 꿈꾸며 [장선생수학학원 장세완T]

괜찮아 잘 될 거야~ 너에겐 눈부신 미래가 있어!!! [수지 수학대가 김영식T]

진인사대천명(盡人事待天命) : 큰 일을 앞두고 사람이 할 수 있는 일을 다한 후에 하늘에 결과를 맡기고 기다린다. [수학만영어도학원 최수영T]

자신의 능력을 믿어야 한다. 그리고 끝까지 굳세게 밀고 나아가라. [오라클 수학교습소 김 수T]

그래 넌 할 수 있어! 네 꿈은 이루어 질거야! 끝까지 널 믿어! 너를 응원해! [수학공부의장 이덕훈T]

Do It Yourself [강동희수학 강동희T]

인내는 성공의 반이다 인내는 어떠한 괴로움에도 듣는 명약이다 [MQ멘토수학 최현정T]

계속 하다보면 익숙해지고 익숙해지면 쉬워집니다. [혁신청람수학 안형진T]

남을 도울 능력을 갖추게 되면 나를 도울 수 있는 사람을 만나게 된다. [최성훈수학학원 최성훈T]

지금 잠을 자면 꿈을 꾸지만 지금 공부 하면 꿈을 이룬다. [이미지매쓰학원 정일권T]

1등급을 만드는 특별한 습관 랑데뷰수학으로 만들어 드립니다. [이지훈수학 이지훈T]

지나간 성적은 바꿀 수 없지만 미래의 성적은 너의 선택으로 바꿀 수 있다. 그렇다면 지금부터 열심히 해야 되는 이유가 충분하지 않은가? [칼수학학원 강민구T]

작은 물방울이 큰바위를 뚫을수 있듯이 집중된 노력은 수학을 꿰뚫을수 있다. [제우스수학 김진성T]

자신과 타협하지 않는 한 해가 되길 바랍니다. [답길학원 서태욱T]

무슨 일이든 할 수 있다고 생각하는 사람이 해내는 법이다. [대전오엠수학 오세준T]

부족한 2% 채우려 애쓰지 말자. 랑데뷰와 함께라면 저절로 채워질 것이다. [김이김학원 이정배T]

네가 원하는 꿈과 목표를 위해 최선을 다 해봐! 너를 응원하고 있는 사람이 꼭 있다는 걸 잊지 말고~ [매천필즈수학학원 백상민T]

'새는 날아서 어디로 가게 될지 몰라도 나는 법을 배운다'는 말처럼 지금의 배움이 앞으로의 여러분들 날개를 펼치는 힘이 되길 바랍니다. [가나수학전문학원 이소영T]

꿈을향한 도전! 마지막까지 최선을... [서영만학원 서영만T]

앞으로 펼쳐질 너의 찬란한 이십대를 기대하며 응원해. 이 시기를 잘 이겨내길 [굿티쳐강남학원 배용제T]

괜찮아 잘 될 거야! 너에겐 눈부신 미래가 있어!! 그대는 슈퍼스타!!! [수지 수학대가 김영식T]

"최고의 성과를 이루기 위해서는 최악의 상황에서도 최선을 다해야 한다!!" [샤인수학학원 필재T]

랑데뷰
N 제

하루 중 90%는 겸손하게 10%는 자신있게...

목차

랑데뷰
N 제

하루 중 90%는 겸손하게 10%는 자신있게...

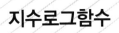

지수로그함수

1

01

실수 a $(a > 1)$와 정수 k에 대하여 함수 $f(x)$가

$$f(x)=\begin{cases} a^{-x} + k & (x \leq 0) \\ a^{-x+1-k} + 1 & (x > 0) \end{cases}$$

이다. 함수 $f(x)$의 그래프 위의 점 $\mathrm{P}(p, f(p))$를 지나고 기울기가 1인 직선이 함수 $f(x)$의 그래프와 서로 다른 두 점에서 만나도록 하는 정수 p의 개수가 10일 때, $f(k) = 32$이다. a^2의 값을 구하시오. [4점]

02 양수 k에 대하여 두 함수

$$y = 2^x, \ y = 2^{\frac{x}{2}} + k$$

의 그래프가 만나는 점을 A라 하고 두 함수

$$y = 2^x, \ y = -2^{\frac{x}{2}} + k$$

의 그래프가 만나는 점을 B라 하자. 선분 AB의 중점을 P라 할 때, 점 P를 지나고 x축과 수직인 직선이 함수 $y = 2^x$의 그래프와 만나는 점을 Q, 점 P를 지나고 y축에 수직인 직선이 함수 $y = 2^x$의 그래프와 만나는 점을 R라 하자. 삼각형 PQR의 넓이가 1일 때, k의 값은? [4점]

① $\dfrac{1}{30}$ ② $\dfrac{1}{25}$ ③ $\dfrac{1}{20}$ ④ $\dfrac{1}{15}$ ⑤ $\dfrac{1}{10}$

03

곡선 $y = \log_a\left(x + \dfrac{1}{2}\right)$ $(a > 1)$ 위의 점 중 제1사분면에 있는 점 A와 제4사분면에 있는 점 B에 대하여 선분 AB의 중점 M이 x축 위에 있다. 두 점 A, M 사이를 지나고 기울기가 -1인 직선이 x축, y축과 만나는 점을 각각 C, D라 하자. 네 점 A, B, C, D가 다음 조건을 만족시킬 때, a의 값은? [4점]

(가) $\overline{BD} = \overline{CD}$, $\angle CAD = \dfrac{\pi}{2}$

(나) 점 A를 직선 CD에 대하여 대칭 이동시킨 점은 선분 BC위에 있다.

---

① $\dfrac{9}{4}$ ② $\dfrac{21}{8}$ ③ 3   ④ $\dfrac{27}{8}$ ⑤ $\dfrac{15}{4}$

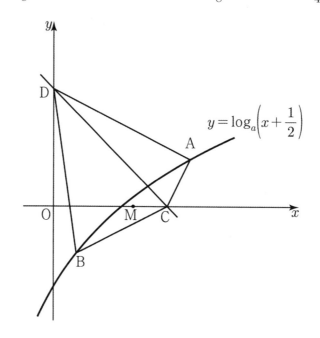

04 두 상수 $a\,(a > 0,\ a \neq 1)$, b에 대하여 함수

$$f(x) = \begin{cases} a^{x+b} + a - b & (x < 0) \\ \left| 2^{-x+4} - 4 \right| & (x \geq 0) \end{cases}$$

라 하자. 두 상수 n, k에 대하여 집합 A를

$A = \{\, n \mid n$은 함수 $y = f(x)$의 그래프와 직선 $y = k$가 만나는 점의 개수이다. $\}$

라 할 때, $A = \{0,\ 1,\ 3\}$이다. $a + b$의 값을 구하시오. [4점]

05
2이상의 자연수 n과 상수 k에 대하여 $\left(k+6\sin\dfrac{n}{12}\pi+6\cos\dfrac{n}{6}\pi\right)^n$의 n제곱근 중 실수인 것의

개수를 a_n이라 하자. $\displaystyle\sum_{n=2}^{12} a_n$의 값이 최소가 되도록 하는 k의 값은? [4점]

① $-3\sqrt{3}-3$　　② $-6\sqrt{3}$　　③ 0　　　④ -6　　　⑤ $-3\sqrt{3}+3$

2 이상의 자연수 n에 대하여 $(-4)^{\frac{n+k}{2}}$ 의 n제곱근 중에서 음의 정수가 존재하도록 하는 자연수 k 중 두 번째로 작은 값을 $f(n)$이라 하자. $\displaystyle\sum_{m=1}^{10}\{f(2m)+f(2m+1)\}$의 값을 구하시오. [4점]

07 그림과 같이 $a > 1$인 상수 a와 $k > a+1$인 상수 k에 대하여 직선 $y = -x+k$가 두 곡선 $y = a^x$, $y = \log_a(x-1)-1$과 만나는 점을 각각 A, B라 할 때, $\overline{\mathrm{AB}} = \left(\dfrac{k+3}{3}\right)\sqrt{2}$이다. 직선 $y = -x + \dfrac{10}{3}k$가 두 곡선 $y = a^x$, $y = \log_a(x-1)-1$과 만나는 점을 각각 C, D라 할 때, $\overline{\mathrm{CD}} = (2k+1)\sqrt{2}$이다. $\overline{\mathrm{AC}}^2$의 값을 구하시오. [4점]

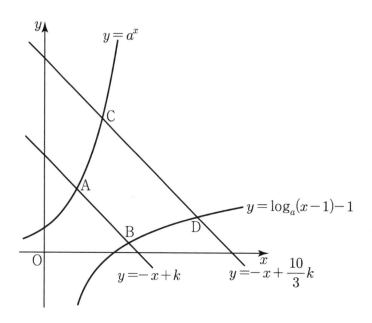

08 양의 실수 k에 대하여 곡선 $y = \log_2(x-k)^2$과 직선 $y = x+m$은 세 점 A, B, C에서 만나고 직선 $y = x+m$은 y축과 점 P에서 만난다. $\overline{PA} = \overline{AB} = \overline{BC}$ 일 때, 두 실수 k와 m에 대하여 $k = (4 - \sqrt{2})\log_2(p + q\sqrt{2})$로 나타낼 수 있다. 이때 두 자연수 p와 q에 대하여 $20p + q$의 값을 구하시오. (단, 세 점은 y축에 가까운 순서로 A, B, C이고 세 점의 x좌표는 모두 양수이다) [4점]

09 그림과 같이 1보다 큰 실수 a에 대하여 곡선 $y = \log_a x$ 위의 점 A와 곡선 $y = \left(\sqrt{a}\right)^x$ 위의 점 B가 $4\overline{OA} = \overline{OB}$를 만족시킨다. 점 A를 지나고 직선 OB에 평행한 직선과 점 B를 지나고 직선 OA에 평행한 직선이 만나는 점을 C라 하자. 직선 AC의 기울기와 직선 BC의 기울기의 곱이 1이고 점 C의 x좌표가 8일 때, 선분 OC의 길이는 l이다. l^2의 값을 구하시오. (단, O는 원점이다.) [4점]

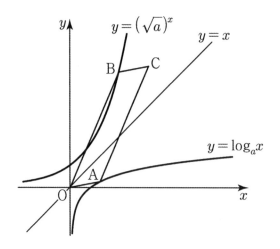

10 $\alpha = \sqrt{\beta}$ 인 α, β와 $\log_\alpha n$이 자연수가 되도록 하는 자연수 n에 대하여 다음 조건을 만족시키는 양수 a의 개수를 $f(n)$이라 하자.

(가) $\log_\alpha a$는 정수이다.

(나) $\dfrac{\log_\beta (n \times a^3)}{\log_\beta a}$ 은 자연수이다.

$f(n) = 10$을 만족하는 자연수 n의 최솟값을 m이라 할 때, $\log_\beta m$의 값을 구하시오. (단, α는 자연수이고 $\beta > 0$, $\beta \neq 1$이다.) [4점]

11 두 집합 $A = \{\, x \mid \log_3 x \text{는 자연수}\,\}$, $B_n = \left\{\, x \mid \dfrac{1}{n}\log_3 x \text{는 자연수}\,\right\}$이 있다. $a \in A$, $b \in B_n$인 자연수 a, b에 대하여 $\log_a b$가 자연수이다. 이때, a, b의 순서쌍 (a, b)의 개수가 3이 되도록 하는 모든 자연수 n의 값의 합을 구하시오. (단, $3 \le a \le 100$, $3 \le b \le 1000$) [4점]

12 함수 $f(x)=|\log_2(x+k)|$와 $t>-k$인 실수 t에 대하여 방정식 $f(x)=f(t)$의 가장 작은 실근을 $g(t)$라 하자. $t>-k$인 모든 실수 t에 대하여 부등식 $|g(t)|>1$을 만족시키는 상수 k의 범위는? [4점]

① $k \geq 2$ ② $k>1$ ③ $k<-2$

④ $k<-2$, $k>1$ ⑤ $k\leq-1$, $k>2$

13 자연수 n에 대하여 직선 $x = t$와 두 곡선 $y = 2^x$, $y = 2^x + n$이 만나는 점을 각각 P, Q라 하고 점 Q를 지나고 x축에 평행한 직선이 $y = 2^x$와 만나는 점을 R이라 하자. 점 R을 지나고 x축에 수직인 직선이 $y = 2^x + n$와 만나는 점을 S라 할 때, 다음 조건을 만족시키는 모든 자연수 n의 개수를 구하시오. [4점]

(가) $1 \leq n \leq 40$

(나) 어떤 양의 실수 t에 대하여 $\overline{PQ} + \overline{RQ} + \overline{RS} \geq 40$

14　두 지수함수

$$f(x) = 2^{4-x}$$

$$g(x) = 16 - 2^{6-x}$$

가 있다.

두 곡선 $y = f(x)$와 $y = g(x)$ 및 두 직선 $x = -4$, $x = 101$로 둘러싸인 부분에서 x좌표와 y좌표가 모두 정수인 점의 개수를 n이라 할 때, $\dfrac{n}{10}$의 값을 구하시오. (단, 경계는 제외한다.) [4점]

15

두 실수 x, y에 대하여 $\max\{x, y\} = \begin{cases} x & (x \geq y) \\ y & (x < y) \end{cases}$ 라 정의할 때, 다음 조건을 만족시키는 두 자연수 a, b 의 모든 순서쌍 (a, b)의 개수는? [4점]

(가) $1 \leq a \leq 5$, $1 \leq b \leq 100$

(나) 곡선 $y = 2^x$이 도형 $\max\{|x - a|, |y - b|\} = 1$와 만나지 않는다.

(다) 곡선 $y = 2^x$이 도형 $\max\{|x - a|, |y - b|\} = 2$와 적어도 한 점에서 만난다.

① 115

② 178

③ 196

④ 204

⑤ 216

16 함수 $f(x)$는 $f(x) = \log_2 x$이고 함수 $f(x)$와 자연수 k에 대하여 함수 $g_k(x)$는 다음과 같다.

$$g_k(x) = \begin{cases} f(x - 2^{k-1} + 1) - k + 1 & (2^k - 1 \leq x < 3 \times 2^{k-1} - 1) \\ -f(x - 2^k + 1) + k & (3 \times 2^{k-1} - 1 \leq x < 2^{k+1} - 1) \end{cases}$$

함수 $g_k(x)$와 x축으로 둘러싸인 부분의 넓이를 S_k이라 할 때, $\displaystyle\sum_{k=1}^{n} S_k > 1000$을 만족하는 n의 최솟값은? [4점]

① 7   ② 8   ③ 9   ④ 10   ⑤ 11

17 곡선 $y=-3^x$ 위의 두 점 A, B와 곡선 $y=\log_3 x$ 위의 두 점 C, D가 다음 조건을 만족시킨다.

> (가) 원점 O가 선분 AC를 3 : 1로 외분한다.
> (나) 원점 O가 선분 BD를 1 : 3으로 내분한다.

삼각형 ABD의 넓이는? [4점]

① $\dfrac{17}{3}$ ② 6   ③ $\dfrac{19}{3}$ ④ $\dfrac{20}{3}$ ⑤ 7

18 함수 $f(x)$에 대하여 $y=k$와 $y=k+1$사이의 x의 값이 정수가 되는 개수를 $g(k)$라 하자. 예를 들어 그림과 같이 함수 $f(x)=\dfrac{1}{3}x$ 일 때, $g(2)=2$이다. $f(x)=3\log_3 x$일 때, $\displaystyle\sum_{k=1}^{14}g(k)$의 값은? (단, 함수 $f(x)$와 $y=k$, $y=k+1$와의 교점은 $g(k)$를 만족하지 않는 점이다.) [4점]

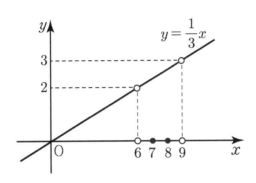

① 231　　　② 233　　　③ 235　　　④ 237　　　⑤ 239

19 그림과 같이 곡선 $y = \frac{16}{15}\left(\frac{1}{2}\right)^x - \frac{34}{15}$ 가 두 곡선 $y = \log_2(x+6)$, $y = 2^x - 6$와 만나는 점을

각각 A$(-2, 2)$, B라 하고, 두 곡선 $y = \log_2(x+6)$, $y = 2^x - 6$가 제1사분면에서 만나는

점을 C라 할 때, 보기에서 옳은 것만을 있는 대로 고른 것은? (단, O는 원점이다.) [4점]

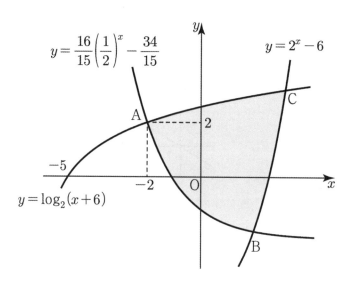

|보기|

ㄱ. 두 점 A, B를 지나는 직선은 $y = -x$이다.

ㄴ. 그림의 색칠된 영역의 경계 및 내부의 점 중 x좌표와 y좌표가 모두 정수인 점의 개수는
18이다.

ㄷ. 삼각형 ABC의 넓이를 S라 하면 $12 < S < 14$이다.

① ㄱ   ② ㄴ   ③ ㄷ   ④ ㄱ, ㄷ   ⑤ ㄱ, ㄴ, ㄷ

20 세 점 A$(1, 3)$, B$(6, 1)$, C$(5, 4)$에 대하여 함수 $y = 2^{-x} + a$의 그래프와 그 역함수의 그래프가 모두 삼각형 ABC와 만날 때, 실수 a의 최댓값을 M, 최솟값을 m이라 할 때, $M + m$의 값은? [4점]

① $\dfrac{165}{32}$ ② $\dfrac{317}{64}$ ③ $\dfrac{167}{32}$ ④ $\dfrac{337}{64}$ ⑤ $\dfrac{357}{64}$

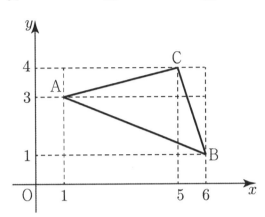

21 그림과 같이 곡선 $y = \log_a x\,(a > 1)$과 x축과 만나는 점을 A라 하고, 곡선 $y = \log_a x$와 직선 $y = 1$이 만나는 점을 B라 하자. 점 B를 지나고 기울기가 -1인 직선 l이 x축, y축과 만나는 점을 각각 C, D라 할 때, 삼각형 ABD의 넓이가 삼각형 ABC의 넓이의 2배이다. 곡선 $y = f(x)$가 다음 조건을 만족시킨다.

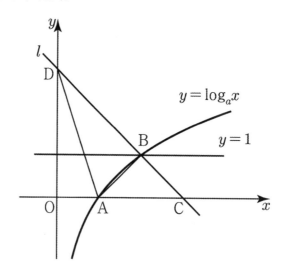

(가) 곡선 $y = \log_a x$을 평행이동 또는 x축에 대하여 대칭이동 또는 y축에 대하여 대칭이동 및 이들을 여러 번 결합한 이동을 통해 곡선 $y = f(x)$와 일치시킬 수 있다.

(나) 곡선 $y = f(x)$는 두 점 C, D를 지나고 $f(1) < a$이다.

$f(\alpha) = -1$일 때, $\alpha = \dfrac{q}{p}$이다. $p + q$의 값을 구하시오. (단, p와 q는 서로소인 자연수이다.)
[4점]

22 그림과 같이 곡선 $y = \log_2 (x+1)$과 점 $(1, 0)$을 지나고 기울기가 양수인 직선 l의 두 교점의 x좌표를 각각 α, β $(\alpha < 0 < \beta)$라 하자. 곡선 $y = \log_2 (x+1)$과 직선 l로 둘러싸인 도형의 넓이가 최소일 때, $\alpha^2 + \beta^2$의 값은? [4점]

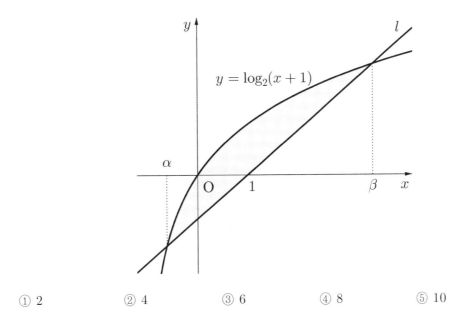

① 2   ② 4   ③ 6   ④ 8   ⑤ 10

23 x에 대한 방정식

$$\log_2(x-1) - \log_4\left(x - \log_3 \sqrt{n}\right) = 1$$

가 서로 다른 두 실근을 가지도록 하는 모든 자연수 n의 개수를 구하시오. [4점]

24 그림과 같이 좌표평면에 점 A$(2, 1)$와 함수 $f(x) = a^{x+2} + b$ 의 그래프가 있다. 곡선 $y = f(x)$의 점근선이 y축과 만나는 점을 P라 할 때, 곡선 $y = f(x)$위의 제2사분면의 점 Q에 대하여 삼각형 APQ가 다음 조건을 만족시킨다.

(가) 삼각형 APQ는 $\angle A = 90°$인 직각이등변삼각형이다.
(나) 삼각형 APQ의 외접원의 중심은 $y = -x$위에 있다.

$a^2 + b^2$의 값을 구하시오. (단, a, b는 $a > 0$, $b < 0$인 상수이다.) [4점]

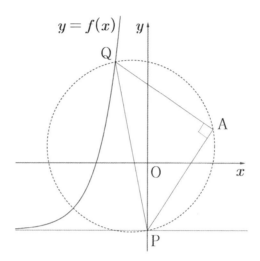

25 좌표평면에 점 $A(3, -2)$와 함수 $f(x) = \log_a(x+b)$ $(a > 1, b > 0)$가 있다. 곡선 $y = f(x)$의 점근선이 x축과 만나는 점을 P라 할 때, 곡선 $y = f(x)$위의 제1사분면의 점 Q에 대하여 삼각형 APQ가 다음 조건을 만족시킨다.

(가) 삼각형 APQ는 $\angle A = 90°$ 인 직각이등변삼각형이다.
(나) 삼각형 APQ의 외접원의 중심은 $y = x$위에 있다.

$a^3 + b^3$의 값을 구하시오. [4점]

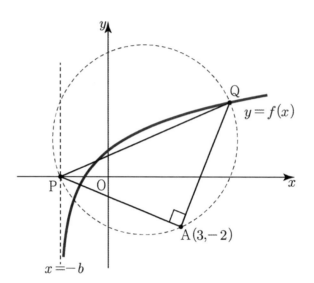

26 그림과 같이 직선 $y = k$가 두 곡선 $y = 2^{x+1}$, $y = 2^{3x+2}$와 만나는 점을 각각 A, B라 하고 직선 $y = k+a$가 두 곡선 $y = 2^{x+1}$, $y = 2^{3x+2}$와 만나는 점을 각각 C, D라 하자. 사각형 ABCD가 평행사변형이 되게 하는 a의 값을 $f(k)$라 할 때, $f(1) \times f\left(\dfrac{1}{2}\right) \times f\left(\dfrac{1}{4}\right)$의 값은? (단, $0 < k < \sqrt{2}$) [4점]

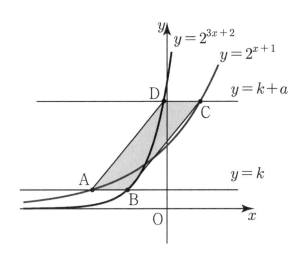

① $\dfrac{217}{8}$ ② $\dfrac{61}{2}$ ③ $\dfrac{251}{8}$ ④ $\dfrac{135}{4}$ ⑤ $\dfrac{279}{8}$

27 함수 $f(x)$가

$$f(x)=\begin{cases} \log_3 x & (x\text{가 유리수일 때}) \\ \log_2 \sqrt{x} & (x\text{가 무리수일 때}) \end{cases}$$

일 때, 유리수 m과 무리수 n에 대하여 두 수 $f(m)$과 $f(m)f(n)$은 모두 자연수가 되게 하는 두 실수 m, n의 모든 순서쌍 (m, n)의 개수를 구하시오. (단, $0 < m < 100$, $0 < n < 100$) [4점]

28 정수 k에 대하여 함수 $f(x) = \log_2(x+k) - 1$의 그래프와 정의역이 $-4 \leq x \leq 4$인 함수

$$g(x) = \begin{cases} -x - 4 & (-4 \leq x < 0) \\ -x + 4 & (0 \leq x \leq 4) \end{cases}$$

의 그래프가 서로 다른 두 점에서 만나기 위한 모든 k의 값의 합을 구하시오. [4점]

29 첫째항이 $\dfrac{1}{9}$ 이고 공비가 $\sqrt[3]{9}$ 인 등비수열 $\{a_n\}$ 에 대하여 $\log a_n$ 의 정수부분을 b_n 이라 하자.

$\displaystyle\sum_{k=1}^{n} b_k = -3$ 을 만족시키는 모든 자연수 n 의 값의 합을 구하시오. [4점]

30

$x \geq \dfrac{1}{100}$ 인 실수 x에 대하여 $\log x = n + f(x)$ (단, n은 정수, $0 \leq f(x) < 1$)라 하고 다음 조건을 만족시키는 두 실수 a, b의 순서쌍 (a, b)를 원소로 갖는 집합을 A라 하자.

(가) $a > 0$이고 $b \leq -20$이다.

(나) 함수 $y = -18f(x)$의 그래프와 직선 $y = ax + b$가 한 점에서만 만난다.

집합 A의 원소 (a, b)에 대하여 $(a - 22)^2 + b^2$의 최솟값을 구하시오. [4점]

31

$a > 1$인 실수 a에 대하여 좌표평면에서 두 곡선 $y = \log_a x$, $y = \log_a(2k - x)$이 x축과 만나는 두 점을 각각 A, B라 하고 두 곡선이 서로 만나는 점을 C라 하자. $\angle ACB = 90°$일 때, 직각삼각형 ABC의 내부(경계 제외)의 격자점 (p, q)의 개수가 100일 때, $a^{22} + k$의 값을 구하시오. (단, k, p, q는 자연수이다.) [4점]

32

(1) 다음 그림과 같이 직선 $y=-x+k$와 $y=-x+k+10$이 곡선 $y=2^x$와 만나는 교점을 각각 A, B라 할 때, $\overline{AB}$는 두 직선의 거리가 된다. 이때, $k=\alpha+\log_2\alpha$이다. 유리수 α의 값은? [4점]

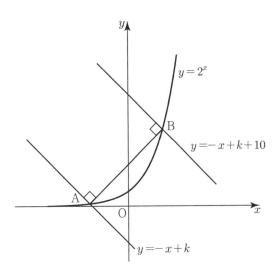

① $\dfrac{2}{31}$ ② $\dfrac{3}{31}$ ③ $\dfrac{5}{31}$ ④ $\dfrac{7}{31}$ ⑤ $\dfrac{10}{31}$

(2) 그림과 같이 두 직선 $y=-x+k$와 $y=-x+k+6$이 곡선 $y=\log_2 x$와 만나는 교점을 각각 A, B라 할 때, $\overline{AB}$는 두 직선의 거리이다. 실수 α에 대하여 $k=\alpha+\log_2\alpha$일 때, $\alpha=\dfrac{q}{p}$이다. $p+q$의 값을 구하시오. (단, p와 q는 서로소인 자연수이다.) [4점]

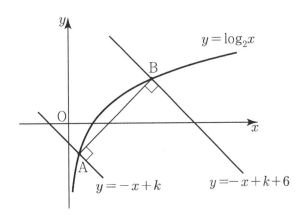

33 사차함수 $f(x) = \dfrac{1}{16}(x+2)^2(x-2)^2$에 대하여 방정식 $f(x) = a^{f(x)} - 1 \ (a > 1)$을 만족하는

해의 개수가 5일 때, a의 값을 구하시오. [수학II 연계] [4점]

34 $3^{2x} = \left(\dfrac{625}{9}\right)^y = 25$을 만족시키는 두 실수 x, y에 대하여 $5^{\frac{(x-y)(x+y)}{4x^2y^2}}$ 의 값은? [4점]

① $\dfrac{5}{3}$ ② $\dfrac{3}{5}$ ③ $\dfrac{9}{25}$

④ $\dfrac{81}{625}$ ⑤ $\dfrac{25}{9}$

35
x에 대한 방정식

$4^x + 4^{-x} - n(2^{x+1} + 2^{-x+1}) + 4k^2 + 2 = 0$이 서로 다른 실근 4개를 갖도록 하는 20이하의 자연수 n의 개수를 a_k라 할 때, $\displaystyle\sum_{k=1}^{5} a_k$의 값을 구하시오. [4점]

랑데뷰
N 제

하루 중 90%는 겸손하게 10%는 자신있게...

삼각함수

2

36

두 상수 a, k $(a > k > 0)$에 대하여 $0 \leq x \leq 4k$에서 곡선 $y = a\sin\dfrac{\pi x}{2k}$와 함수 $y = |x - 2k| - k$의 그래프가 만나는 서로 다른 두 점을 x좌표가 작은 순으로 A, B라 하고 곡선 $y = a\sin\dfrac{\pi x}{2k}$와 함수 $y = -|x - 2k| + k$의 그래프가 만나는 서로 다른 두 점을 x좌표가 작은 순으로 C, D라 하자. 두 점 A, B의 중점의 x좌표가 4이고 사각형 ABDC의 넓이가 16일 때, $a \times k$의 값은? [4점]

① 12   ② 14   ③16   ④18   ⑤ 20

37 각 변의 길이가 자연수인 육각형 ABCDEF가 다음 조건을 만족시킨다. 육각형 ABCDEF의 둘레의 길이가 최소일 때, $\overline{AC}^2 + \overline{CE}^2 + \overline{AE}^2$의 값을 구하시오. [4점]

(가) $\overline{AB}//\overline{DE}$, $\overline{BC}//\overline{EF}$, $\overline{CD}//\overline{AF}$

(나) $\overline{DE}-\overline{AB}=\overline{AF}-\overline{CD}=\overline{BC}-\overline{EF}=3$

(다) $\overline{AB}<\overline{CD}<\overline{EF}$

38 두 자연수 a, b에 대하여 함수

$$f(x) = a \sin\left(a\pi x + \frac{\pi}{b}\right) - b$$

가 있다. $x > 0$에서 곡선 $y = f(x)$와 직선 $y = f(0)$이 만나는 점 중 x좌표가 가장 작은 점의 x좌표를 c라 하자. 함수 $f(x)$의 최댓값이 $8 \times a \times c$이 되도록 하는 모든 $a + b$의 값의 합은? [4점]

① 103   ② 105   ③ 107   ④ 109   ⑤ 111

39 그림과 같이 중심이 O_1, O_2이고 반지름의 길이가 각각 2, 3인 두 원 C_1, C_2가 두 점 A, B에서 만날 때, 직선 AO_2가 원 C_1과 만나는 점 중 A가 아닌 점을 C라 하고 원 C_2와 만나는 점 중 A가 아닌 점을 D라 하자. 직선 BC가 원 C_2와 만나는 점 중 B가 아닌 점을 E라 할 때, $\overline{BD} \times \overline{AE}$의 값은? [4점]

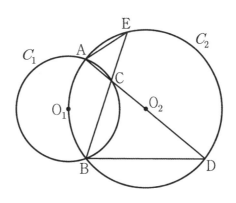

① 8 ② $\dfrac{25}{3}$ ③ $\dfrac{26}{3}$ ④ 9 ⑤ $\dfrac{28}{3}$

40 그림과 같이 $\overline{AB} = 2$, $\overline{AC} = 3$, $\cos(\angle BAC) = -\dfrac{1}{4}$을 만족시키는 삼각형 ABC의 외접원 위에 점 D가 있다. 직선 AB와 직선 CD가 만나는 점을 E라 하자. 사각형 $ABDC$의 넓이가 최대일 때 삼각형 EAC의 넓이는? [4점]

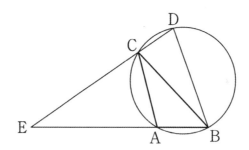

① $\dfrac{39}{4}\sqrt{15}$ 　　② $\dfrac{41}{4}\sqrt{15}$ 　　③ $\dfrac{43}{4}\sqrt{15}$ 　　④ $\dfrac{45}{4}\sqrt{15}$ 　　⑤ $\dfrac{47}{4}\sqrt{15}$

41 $0 \le t \le 2$인 실수 t에 대하여 x에 대한 이차방정식

$$(x + \sin \pi t)(x - \cos \pi t) = 0$$

의 실근 중에서 작지 않은 것을 $\alpha(t)$, 크지 않은 것을 $\beta(t)$라 하자. $\alpha(s) = \beta\left(s + \dfrac{1}{2}\right)$을

만족시키는 실수 s의 최댓값과 최솟값의 합은? $\left(\text{단}, \ 0 \le s \le \dfrac{3}{2}\right)$ [4점]

① 1   ② $\dfrac{5}{4}$ ③ $\dfrac{3}{2}$ ④ $\dfrac{7}{4}$ ⑤ 2

42 그림과 같이 두 함수 $y = \cos\dfrac{\pi}{a}(x+b)$와 $y = \sin\dfrac{2\pi}{a}(x+b)$가 y축 위의 점 A 에서 만나고 $x > 0$에서 두 번째 만나는 점을 B라 하자. 점 B에서 y축에 내린 수선의 발을 C라 할 때 $\angle ABC = 60°$이다. $a+b$의 값은? $\left(\text{단, } a > 0 \text{이고 } 0 < b < \dfrac{1}{2} \text{이다.}\right)$ [4점]

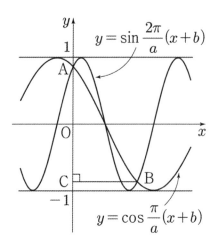

① $\dfrac{5}{4}$ ② $\dfrac{3}{2}$ ③ $\dfrac{7}{4}$ ④ 2   ⑤ $\dfrac{9}{4}$

43 상수 $a\left(0 < a < \dfrac{\pi}{2}\right)$에 대하여 $-2 \le x \le 2$에서 정의된 두 함수 $f(x) = \sin\left(\dfrac{\pi}{2}x\right)$,

$g(x) = -2\cos\left(\dfrac{\pi}{2}x + a\right) + \dfrac{2\sqrt{3}}{3}$이 있다. 직선 $y = mx\,(0 < m < 1)$과 곡선 $y = f(x)$가 세 점

O, P, Q에서 만난다. 곡선 $y = f(x)$ 위의 두 점 P′, Q′와 곡선 $y = g(x)$ 위의 두 점 R, S가

있다. 두 삼각형 PP′R와 QQ′S는 각각 한 변이 x축과 평행한 정삼각형일 때, $100m$의 값을

구하시오. (단, O는 원점이고 점 P의 x좌표는 1보다 크다.) [4점]

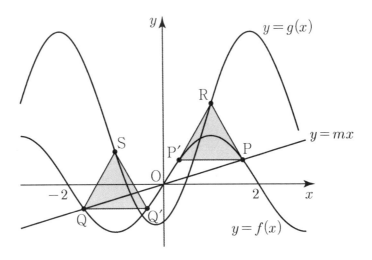

44　$0 < t < 2\pi$인 실수 t에 대하여 함수

$$f(x)=\begin{cases}\sin x - \sin t \ (0 \le x \le t)\\ \sin t - \sin x \ (t < x \le 2\pi)\end{cases}$$

의 최댓값을 $M(t)$, 최솟값을 $m(t)$라 하자. t에 대한 방정식 $M(t) - m(t) = 2$의 해집합을 A라 할 때, 다음 중 집합 A의 원소가 아닌 것은? [4점]

① $\dfrac{\pi}{12}$　　　② $\dfrac{\pi}{3}$　　　③ $\dfrac{5}{6}\pi$　　　④ $\dfrac{7}{6}\pi$　　　⑤ $\dfrac{11}{6}\pi$

45 그림과 같이 선분 AB의 중점 P에 대하여 선분 PB를 지름으로 하는 원 C_1이 있다. 원 C_1 위의 점 Q를 잡아 직선 AQ와 원 C_1이 만나는 점 중 Q가 아닌 점을 R이라 하고, 세 점 R, A, P를 지나는 원을 C_2라 하자. $\overline{PR} : \overline{BQ} = 5 : 8$일 때, 원 C_1의 넓이와 원 C_2의 넓이의 비는 $m : n$이다. $m+n$의 값은? (단, m과 n은 서로소인 자연수이다.) [4점]

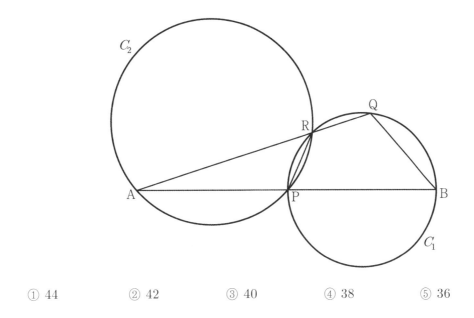

① 44   ② 42   ③ 40   ④ 38   ⑤ 36

46

그림과 같이 중심이 O, 반지름의 길이가 $\dfrac{13}{2}$이고 중심각의 크기가 $\dfrac{\pi}{2}$인 부채꼴 OAB가 있다. 호 AB 위에 점 P를 $\overline{AP}=5$가 되도록 잡는다. 직선 AP에 수직이고 점 P를 지나는 직선이 선분 OB와 만나는 점을 Q라 하고, 호 AP의 중점을 R라 하자. 삼각형 PQR의 넓이는? [4점]

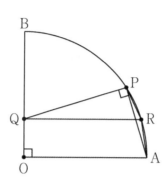

① $\dfrac{587}{96}$ ② $\dfrac{589}{96}$ ③ $\dfrac{591}{96}$ ④ $\dfrac{593}{96}$ ⑤ $\dfrac{595}{96}$

47 함수 $f(x) = \left| \sqrt{3} \cos \dfrac{\pi}{2} x \right|$ 와 y축과 만나는 점을 A, 점 A에서 x축과 평행하고 선분 AB의 길이가 4가 되는 곡선 $y = f(x)$위의 점을 B라 하자. 곡선 $g(x) = \left| a \sin \dfrac{\pi}{2} (x - b) \right|$ $(a > 0,\ b > 0)$ 위의 y좌표가 0이 아닌 점 P에 대하여 삼각형 PAB는 직각삼각형이고 $\angle \mathrm{PAB} = \dfrac{\pi}{6}$ 이다. a의 최솟값을 m이라 하고, $a = m$일 때 b의 최솟값을 n이라 하면, $m^2 + n^2$의 값을 구하시오. [4점]

48

$0 \le x \le 9$에서 곡선 $y = \left| 6\sin\dfrac{\pi}{3}x \right|$ 와 직선 $y = t$ (단, t는 $0 < t \le 3$인 상수)가 만나서 생기는 교점들을 x좌표가 작은 순서대로 A_1, A_2, $\cdots$, A_m 이라 하고 곡선 $y = \left| 6\sin\dfrac{\pi}{3}x \right|$ 위의 임의의 한 점을 점 P라 할 때, 세 점 A_1, A_i, $P\,(i = 2,\ 3,\ \cdots,\ m)$를 꼭짓점으로 하는 삼각형 $A_1 A_i P$은 다음 조건을 만족시킨다.

(가) 어떤 자연수 i에 대하여 $\triangle A_1 A_i P$는 이등변 삼각형이다.

(나) $\triangle A_1 A_i P$의 넓이가 최대일 때, 이 삼각형의 무게중심의 y좌표는 $\dfrac{10}{3}$ 이다.

또한 원점과 A_2를 지나는 직선이 곡선 $y = \left| 6\sin\dfrac{\pi}{3}x \right|$ $(0 \le x \le 9)$와 만나는 교점들을 x좌표가 작은 순서대로 O (원점), A_2, B_1, B_2, $\cdots$, B_n 라 하면 $\overline{OA_2} = \overline{A_2 B_2}$ 이다. 점 A_1의 x좌표를 α라 할 때, $\sin\dfrac{2\pi}{3}\alpha + \dfrac{1}{\tan\dfrac{\pi}{3}\alpha}$ 의 값은? [4점]

① $\dfrac{7}{4}\sqrt{2} + \dfrac{1}{3}$ ② $2\sqrt{2} + \dfrac{2}{3}$ ③ $\dfrac{9\sqrt{2}}{4} + \dfrac{1}{2}$

④ $\dfrac{5}{2}\sqrt{2} + \dfrac{1}{3}$ ⑤ $3\sqrt{2} + \dfrac{2}{3}$

49 그림과 같이 두 점 O, O' 을 각각 중심으로 하고 반지름의 길이가 2인 두 원 O, O' 와 점 B를 중심으로 하고 두 원의 중심을 지나는 원 O'' 가 한 평면 위에 있다. 두 원 O, O' 이 만나는 점을 각각 A, B라 할 때, $\angle \mathrm{AOB} = \dfrac{5}{6}\pi$ 이다.

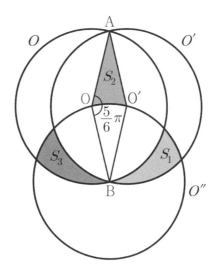

원 O의 외부와 원 O' 의 내부, 원 O'' 의 내부의 공통부분의 넓이를 S_1, 원 O의 내부와 원 O' 의 외부, 원 O'' 의 내부의 공통부분의 넓이를 S_3, 마름모 $\mathrm{AOBO'}$ 의 내부와 원 O'' 의 외부의 공통부분의 넓이를 S_2 라 할 때, $S_1 + S_3 + 2S_2$의 값을 구하시오. [4점]

50 그림과 같이 반지름의 길이가 2인 원에 내접하는 사각형 ABCD가 다음 조건을 만족시킨다.

(가) $\overline{DA} : \overline{AB} = 1 : 2$

(나) 대각선 AC, BD의 교점 E에 대하여 $\overline{DE} : \overline{EB} = 2 : 3$이다.

(다) $\angle DAB = \dfrac{2}{3}\pi$

삼각형 BCD의 넓이는? [4점]

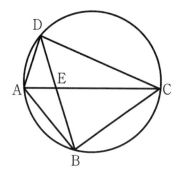

① $\dfrac{30}{13}\sqrt{3}$ ② $\dfrac{33}{13}\sqrt{3}$ ③ $\dfrac{36}{13}\sqrt{3}$ ④ $3\sqrt{3}$ ⑤ $\dfrac{42}{13}\sqrt{3}$

51

$x \geq 0$에서 정의된 함수 $f(x) = |p\sin 2x + q|$ $(q > 0,\ p + q \geq 0)$에 대하여 $f(0) < f\left(\dfrac{\pi}{4}\right)$이다.

직선 $y = t$가 곡선 $y = f(x)$와 만나도록 하는 실수 t에 대하여 직선 $y = t$가 곡선 $y = f(x)$와 만나는 모든 점의 x좌표를 작은 수부터 크기순으로 나열한 수열이 등차수열이 되도록 하는 t의 값은 α, β $(\alpha < \beta)$뿐이다. $t = \alpha$, $t = \beta$일 때의 이 등차수열을 각각 $\{a_n\}$, $\{b_n\}$이라 하자.

$\alpha + \beta = 10$이고 $\dfrac{f(b_2)}{a_2} = \dfrac{14}{\pi}$일 때, pq의 값을 구하시오. (단, p와 q는 상수이다.) [4점]

52 $0 \le x < \pi$일 때, 함수 $f(x) = \tan\left(\pi \sin^2 2x\right)$에 대하여 부등식 $|f(x)| \ge 1$의 해집합을 A라 하자. 집합 $B = \left\{ \left. \dfrac{2k-1}{48}\pi \right| k\text{는 자연수} \right\}$에 대하여 $A \cap B$의 모든 원소의 합은? [4점]

① 3π ② $\dfrac{7}{2}\pi$ ③ 3π ④ $\dfrac{9}{2}\pi$ ⑤ 4π

53 원 O위의 세 점 A, B, C에 대하여 $\overline{AB}=6$이고 $\angle$BAC의 이등분선이 선분 BC와 만나는 점을 D, 원 O와 만나는 점을 E라 하자. 다섯 개의 점 A, B, C, D, E가 다음 조건을 만족시킬 때, 원 O의 넓이는? (단, 선분 CD의 길이는 유리수이다.) [4점]

(가) 삼각형 ABD의 외접원의 둘레 길이는 삼각형 ADC의 외접원의 둘레 길이의 2배이다.

(나) $5\overline{AE}^2 = 27\overline{BC}$

① $\dfrac{48}{5}\pi$ ② 10π ③ $\dfrac{52}{5}\pi$ ④ $\dfrac{54}{5}\pi$ ⑤ $\dfrac{56}{5}\pi$

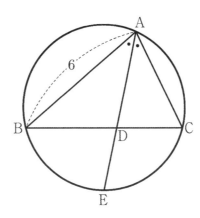

54 그림과 같이 $\overline{AB} = \overline{AC} = 3$인 이등변삼각형 ABC의 외부에 $\overline{AD} = \sqrt{3}$, $\angle ACD = \angle ABD$인 점 D가 있다. $\cos(\angle ACD) = \dfrac{5}{6}$일 때, 사각형 ADBC의 넓이는 $\dfrac{q}{p}\sqrt{11}$이다. $p+q$의 값을 구하시오. (단, $\overline{CD} > \overline{BD}$이고 p와 q는 서로소인 자연수이다.) [4점]

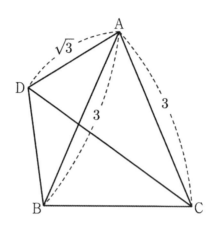

55 그림과 같이 한 변의 길이가 5인 정삼각형 ABC와 $\overline{\mathrm{AD}} = 5$이고 $\angle \mathrm{EAD} = \dfrac{2}{3}\pi$인 삼각형 ADE가 점 A만을 공유하고, $\cos(\angle \mathrm{AED}) = \dfrac{11}{14}$이다. 삼각형 AEB의 외접원의 반지름의 길이와 삼각형 ACD의 외접원의 반지름의 길이가 서로 같고, $\angle \mathrm{PBE} = \alpha$, $\angle \mathrm{QDA} = \beta$일 때, $\cos(\alpha + \beta)$의 값은? (단, 두 점 P, Q는 두 원의 중심이다.) [4점]

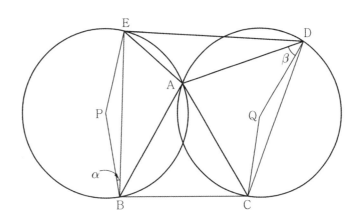

① $\dfrac{\sqrt{10}}{2}$ ② $\dfrac{\sqrt{10}}{3}$ ③ $\dfrac{\sqrt{10}}{4}$ ④ $\dfrac{\sqrt{10}}{5}$ ⑤ $\dfrac{\sqrt{10}}{6}$

56 그림과 같이 $\angle ABD = \angle ADB$, $\sin(\angle BAC) : \sin(\angle DAC) = 2 : 1$, $\angle BCD = \frac{2}{3}\pi$ 인 사각형 ABCD가 원에 내접한다. 두 선분 AC, BD가 점 P에서 만나고. 사각형 ABCD의 넓이가 $\frac{81\sqrt{3}}{4}$ 일 때, 선분 $\overline{AP}$ 의 값은? [4점]

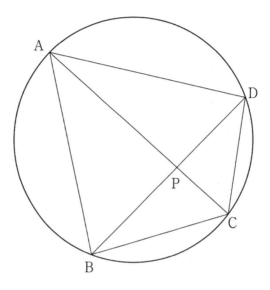

① 5   ② $4\sqrt{3}$ ③ 7   ④ $5\sqrt{3}$ ⑤ 8

57 그림과 같이 두 원이 한 점 C에서 접하고 있다. 두 원 중 큰 원의 현 AB가 작은 원과 점 D에서 접한다. $\overline{AB} = 14$, $\overline{BC} = 10$, $\overline{CA} = 18$ 일 때, 삼각형 ADC의 외접원의 반지름의 길이는 $\dfrac{q}{p}\sqrt{165}$ 이다. $p+q$의 값을 구하시오. [4점]

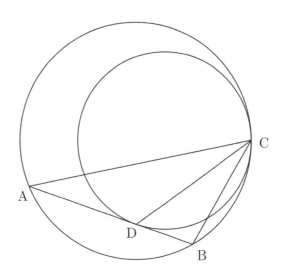

58 그림과 같이 $\overline{AB}=2$, $\overline{BC}=3$, $\cos(\angle ABC)=\dfrac{9}{16}$ 인 삼각형 ABC 가 있다. 점 B 에서 선분 AC 에 내린 수선의 발을 P, 점 C 에서 선분 AB 에 내린 수선의 발을 Q 라 하고 두 선분 BP와 CQ 가 만나는 점을 R라 하자. 네 점 A, Q, R, P를 지나는 원의 넓이는 $\dfrac{q}{p}\pi$이다. $p+q$의 값을 구하시오. (단, p, q는 서로소인 자연수이다.) [4점]

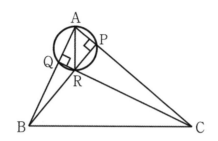

59 $\overline{AB} = 3$, $\overline{BC} = 2$인 삼각형 ABC가 있다. 그림과 같이 삼각형 ABC의 외접원과 내접원이 있고, 내접원의 중심을 I라 하자. 삼각형 ABC의 외접원 위에 호 AC 중 점 B가 위치하지 않은 호를 이등분하는 점을 E라 할 때, $\overline{AI} = \overline{EI}$이다. $\overline{AI}^2$의 값은? [4점]

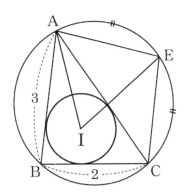

① 4

② $2 + \sqrt{5}$

③ $3 + \sqrt{5}$

④ $2 + \sqrt{6}$

⑤ $3 + \sqrt{6}$

60 그림과 같이 한 변의 길이가 3인 정사각형 ABCD의 변 AD위의 점 E와 점 B를 지나는 직선이 선분 CD의 연장선과 만나는 점을 F라 할 때, $\overline{DF} = 1$이다. 점 E를 중심으로 하고 선분 BC에 접하는 원이 선분 CD와 만나는 점을 G라 할 때, $\sin(\angle BEG)$의 값은? [4점]

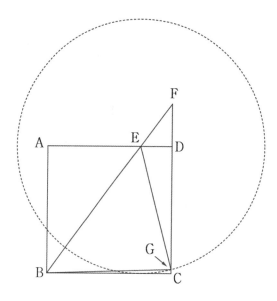

① $\dfrac{1}{5} + \dfrac{3}{20}\sqrt{15}$

② $\dfrac{1}{4} + \dfrac{3}{16}\sqrt{15}$

③ $\dfrac{1}{3} + \dfrac{1}{4}\sqrt{15}$

④ $\dfrac{1}{2} + \dfrac{3}{4}\sqrt{15}$

⑤ $1 + \dfrac{3}{4}\sqrt{15}$

61 그림과 같이 원 $x^2 + y^2 = 1$과 원 위의 네 점 A, B, C, D가 있다. 선분 AD가 원의 지름이고,
$\angle \mathrm{BAD} = \dfrac{\pi}{7}$, $\angle \mathrm{ABC} = \dfrac{3}{7}\pi$일 때, $\overline{\mathrm{AB}} \times \overline{\mathrm{BC}} \times \overline{\mathrm{CD}}$의 값은? (단, O는 원점이다.) [4점]

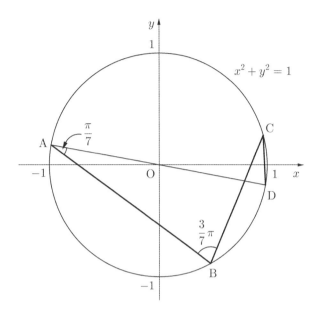

① $\dfrac{1}{2}$　　② 1　　③ $\dfrac{3}{2}$　　④ 2　　⑤ $\dfrac{5}{2}$

62   자연수 n과 양의 실수 a에 대해 $0 \leq x < \dfrac{n\pi}{a}$에서 다음 부등식

$$2\sin^2 ax - k\,|\cos ax| + 3 \leq 0$$

을 만족하는 실수 x의 개수가 n일 때 k의 값을 구하시오. [4점]

63

$1 \le a \le 4$, $0 < b \le 1$인 두 상수 a, b에 대하여 $0 \le x < 2\pi$에서 정의된 함수

$f(x) = \left| a\cos\left(x - \dfrac{\pi}{3}\right) + b \right|$가 있다. 어떤 실수 k에 대하여 직선 $y = k$와 곡선 $y = f(x)$의

교점의 개수가 3일 때, 이 세 점의 x좌표를 각각 α, β, γ라 하자. α가 최소일 때,

$\left(\dfrac{1}{2}a - \dfrac{\gamma}{\beta}\right) \times b$의 최댓값을 M, 최솟값을 m이라 하자. $\dfrac{1}{M-m}$의 값은? (단, $\alpha < \beta < \gamma$) [4점]

① 1   ② 2   ③ 3   ④ 4   ⑤ 5

64 그림과 같이 $\overline{AB}=2$, $\overline{AC}=1$인 예각삼각형 ABC가 있다. 점 C에서 변 AB에 내린 수선의 발을 E라 하고, 점 B에서 변 AC에 내린 수선의 발을 D라 하고, 두 선분 CE와 DB의 교점을 P라 하자. 삼각형 ABC의 외접원의 넓이와 삼각형 ADE의 외접원 넓이의 차가 π일 때, $\sin(\angle BAC)$의 값은? [4점]

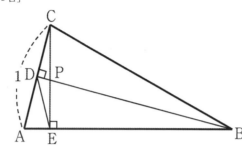

① $\dfrac{\sqrt{15}}{4}$　　② $\dfrac{\sqrt{14}}{4}$　　③ $\dfrac{\sqrt{13}}{4}$　　④ $\dfrac{\sqrt{3}}{2}$　　⑤ $\dfrac{\sqrt{11}}{4}$

구간 $0 \le x < 2$에서 정의된 함수 $f(x)$가 모든 자연수 n에 대하여

$$2 - \frac{1}{2^{n-2}} \le x < 2 - \frac{1}{2^{n-1}} \text{ 에서 } f(x) = \sin(2^n \pi x)$$

로 정의할 때, $y = f(x)$와 직선 $y = k$가 만나는 점의 x좌표를 크기순으로 차례로 $a_1, a_2, a_3, \cdots$라 하고 $y = f(x)$와 직선 $y = -k$가 만나는 점의 x좌표를 크기순으로 차례로 $b_1, b_2, b_3, \cdots$라 하자.

이때, $\displaystyle\sum_{n=1}^{100} (a_n + b_n) = p + q\left(\frac{1}{2}\right)^{48}$일 때 $p + q$의 값을 구하시오. (단, $0 < k < 1$, p, q는 자연수)

[4점]

66 함수 $f(x) = a\cos x - 1$ $(a > 0)$이 있다. $0 \leq x < 2\pi$에서 부등식

$$|f(x)| > \frac{1}{2}a + 4$$

의 해가 $\alpha < x < \beta$가 되도록 하는 a의 최댓값을 M이라 하자. $a = M$일 때, $\sin\alpha + \tan\beta = \dfrac{q}{p}$이다. $p + q$의 값을 구하시오. (단, α, β는 $\alpha < \beta$인 실수이고 p, q는 서로소인 자연수이다.) [4점]

67 다음을 만족하는 정수 a, b의 순서쌍 (a, b)의 개수를 구하시오. [4점]

> (가) a, b는 $|a| \leq 10$, $|b| \leq 10$인 정수이다.
>
> (나) $a\sin\theta + b\cos\theta = a + b$를 만족하는 $0 \leq \theta \leq 2\pi$인 실수 θ가 존재한다.
>
> (다) $\sin a \times \cos b < 0$

68 그림과 같이 원 O에 내접하고 $\overline{AB}=2\sqrt{3}$, $\angle BAC=\dfrac{\pi}{6}$인 삼각형 ABC가 있다. 원 O의 넓이가 25π일 때, 선분 AC위의 점 P와 선분 BC위의 점 Q에 대하여 $\overline{PQ}=\sqrt{3}$이면서 $\overline{QC}$가 최대가 되도록 하는 두 점 P, Q를 각각 P′, Q′이라 하자. $\left(\dfrac{\overline{P'C}}{\overline{AP'}}\right)^2=\dfrac{q}{p}$이다. $p+q$의 값을 구하시오. (단, p, q는 서로소인 자연수이다.) [4점]

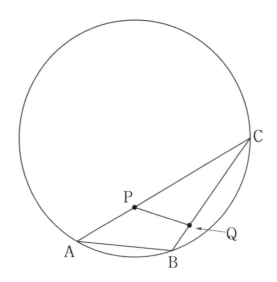

69 그림과 같이 중심이 O 이고 반지름의 길이가 2인 원 위의 점 A 에 대하여

$\sin(\angle OAB) = \dfrac{1}{4}$ 이 되도록 원 위에 점 B를 잡는다. 점 B 에서의 접선과 선분 AO 의

연장선이 만나는 점을 C 라 할 때, 삼각형 ABC 의 넓이는 $\dfrac{q}{p}\sqrt{15}$ 이다. $p+q$의 값을 구하시오.

(단, p, q는 서로소인 두 자연수) [4점]

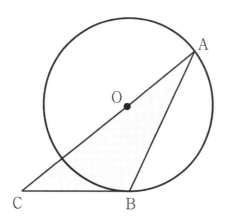

70 그림과 같이 $\overline{AB} = \overline{AC} = 4$인 이등변 삼각형 ABC가 있다. 두 변 BC, CA의 중점을 각각 D, E라 하고 두 직선 AD, BE가 만나는 점을 G, 점 G를 지나고 직선 AB에 수직인 직선이 선분 AB와 만나는 점을 F라 하자. $\cos A = -\dfrac{1}{8}$일 때, 삼각형 GFD의 넓이는? [4점]

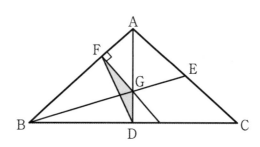

① $\dfrac{\sqrt{7}}{16}$

② $\dfrac{5}{48}\sqrt{7}$

③ $\dfrac{7}{48}\sqrt{7}$

④ $\dfrac{3}{16}\sqrt{7}$

⑤ $\dfrac{11}{48}\sqrt{7}$

71 좌표평면에 그림과 같이 직선 $y=-\dfrac{4}{3}x+4$와 원 C 가 있다. 원 C 는 직선 $y=-\dfrac{4}{3}x+4$와

x축에 동시에 접하고 접점을 각각 A, B라 하자. 점 B의 x좌표는 5이고 원 위의 A, B가 아닌

임의의 점 C에 대하여 삼각형 ABC 넓이의 최댓값은? [4점]

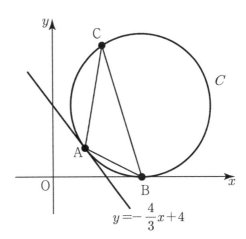

① $\dfrac{20+12\sqrt{5}}{5}$　　　② $\dfrac{26+12\sqrt{5}}{5}$　　　③ $\dfrac{32+12\sqrt{5}}{5}$

④ $\dfrac{32+16\sqrt{5}}{5}$　　　⑤ $\dfrac{36+16\sqrt{5}}{5}$

72

그림과 같이 두 점 O, O′을 각각 무게중심으로 하고 한 변의 길이가 1인 두 정육각형이 한 평면 위에 있다.

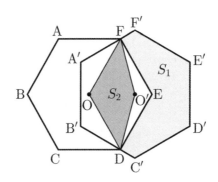

정육각형 ABCDEF의 외부와 정육각형 A′B′C′D′E′F′의 내부의 공통부분의 넓이를 S_1, 사각형 FODO′의 넓이를 S_2라 할 때, $S_1 - S_2$의 값은? (단, 점 F와 점 D는 각각 선분 A′F′와 선분 B′C′위에 있고, 직선 OO′는 선분 E′D′를 수직이등분한다.) [4점]

① $\dfrac{5\sqrt{3}-6}{2}$ ② $2\sqrt{3}-3$ ③ $\dfrac{5\sqrt{3}-6}{4}$

④ $\dfrac{5\sqrt{3}}{6}-1$ ⑤ $\sqrt{3}$

73 그림과 같이 선분 AB위에 중심이 있는 두 원 C_1, C_2의 두 교점 C, D에 대하여 $\overline{CD} = 6$이고 직선 CD는 직선 AB에 수직이다. 원 C_1은 점 A를 지나고 원 C_2는 점 B를 지날 때,

$\angle CAD = \dfrac{\pi}{6}$, $\angle CBD = \dfrac{\pi}{3}$ 이다. 이때, 삼각형 ABC의 외접원의 넓이는? [4점]

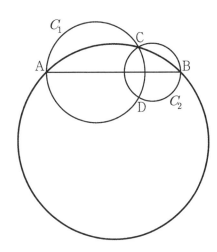

① $18(2+\sqrt{3})\pi$ ② $27(2+\sqrt{3})\pi$ ③ $36(2+\sqrt{3})\pi$
④ $45(2+\sqrt{3})\pi$ ⑤ $54(2+\sqrt{3})\pi$

74 그림과 같이 길이가 2인 선분 AB를 지름으로 하고 중심이 O인 반원의 호 위의 한 점을 P라 하자. $\angle \mathrm{PAB} = \theta \left(0 < \theta < \dfrac{\pi}{4} \right)$일 때, 선분 AP와 호 AP에 접하는 원 C의 넓이의 최댓값은 $\dfrac{1}{9}\pi$이다. 원 C의 넓이가 최대일 때, 원 C와 선분 AP의 교점을 Q라 하자. $\overline{\mathrm{BQ}}^2 = \dfrac{q}{p}$일 때, $p+q$의 값을 구하시오. (단, p, q는 서로소인 자연수이다.) [4점]

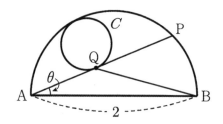

75 그림과 같이 삼각형 ABC 가 반지름의 길이가 5 인 원에 내접하고 있고 점 A 에서 선분 BC 내린 수선의 발을 H, $\angle ABC = \alpha$, $\angle ACB = \beta$ 라 할 때, 점 H 와 두 각의 크기 α, β 는 다음 조건을 만족시킨다.

(가) $2\sin\alpha = 3\sin\beta$, $\cos(\alpha - \beta) = \dfrac{3 + 2\sqrt{11}}{10}$

(나) $\overline{\text{AH}} = 3$

삼각형 ABC 의 넓이를 S 라 할 때, $2S + \overline{\text{OH}}^2 = a + b\sqrt{11}$ 이다. $a + b$ 의 값을 구하시오. (단, O 는 원의 중심이고, a, b 는 정수이다.) [4점]

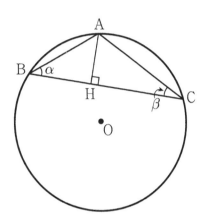

76 $0 \le x \le 4$일 때, 그림과 같이 $y = \left| 2\sin\left(\dfrac{\pi}{2}x\right) + 1 \right|$ 의 그래프와 직선 $y = k$가 서로 다른 두 점 A, B에서 만나고 $\overline{AB} = \dfrac{4}{3}$이다. 곡선 $y = \left| 2\sin\left(\dfrac{\pi}{2}x\right) + 1 \right|$ 와 직선 $y = \dfrac{1}{k}$가 서로 다른 네 점 C, D, E, F에서 만나고 직선 OC, OD, OE, OF의 기울기를 차례대로 m_1, m_2, m_3, m_4라 하자. $\dfrac{1}{m_1} + \dfrac{1}{m_2} + \dfrac{1}{m_3} + \dfrac{1}{m_4}$ 의 값을 구하시오. (단, O는 원점이다.) [4점]

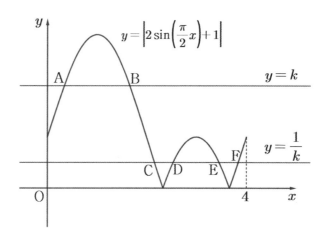

77 $3n - 3 < x < 3n$에서 방정식 $\cos 2x = 0$의 해의 개수를 a_n이라 할 때, $a_k = 1$이 되도록 하는 자연수 k를 작은 수부터 나열한 것을 k_1, k_2, k_3, $\cdots$라 하자. $k_1 + k_2$의 값을 구하시오. (단, n은 자연수이고 $\pi \fallingdotseq 3.14$이다.) [4점]

랑데뷰
N 제

하루 중 90%는 겸손하게 10%는 자신있게 ...

3

수열

78   모든 항이 자연수인 수열 $\{a_n\}$이 다음 조건을 만족시킨다.

(가) 모든 자연수 n에 대하여 $(a_{n+1} - a_n - 2)(a_{n+1} - 2a_n + 2) = 0$이다.

(나) 4이하의 모든 자연수 n에 대하여 집합 $\left\{ \dfrac{a_n}{3}, \dfrac{a_{n+1}}{3}, \dfrac{a_{n+2}}{3} \right\}$의 원소 중 적어도 하나는

자연수이다.

$a_6 - a_4 = 20$이 되도록 하는 모든 a_1의 값의 합을 구하시오. [4점]

79 $n \geq 2$인 모든 자연수 n에 대하여 모든 항이 유리수인 수열 $\{a_n\}$은

$$a_{n+1} = \begin{cases} a_n - \log_2 a_n & (\log_3 n \text{와 } a_n \text{은 모두 자연수인 경우}) \\ a_n + 1 - \log_3 a_n & (\log_2 n \text{와 } a_n \text{은 모두 자연수인 경우}) \\ a_n + \dfrac{2}{3} & (\text{그 외의 경우}) \end{cases}$$

를 만족시킨다. $a_{13} = 7$이 되도록 하는 모든 a_4의 값의 합을 구하시오. (단, p와 q는 서로소인 자연수이다.) [4점]

80 수열 $\{a_n\}$이 다음 조건을 만족시킬 때, 모든 a_1의 값의 합을 구하시오. [4점]

(가) a_6, a_7, a_8은 정수이고 $a_9 = 8$이다.

(나) 모든 자연수 n에 대하여

$$a_{n+2} = \begin{cases} a_{n+1} \times a_n & (a_{n+1} \geq \log_2(n+1)) \\ a_{n+1} + a_n & (a_{n+1} < \log_2(n+1)) \end{cases}$$

이다.

81 $a_2 = 4$이고 모든 항이 자연수인 수열 $\{a_n\}$과 수열 $\{b_n\}$이 다음 조건을 만족시킨다.

(가) $b_{n+1} = \dfrac{a_n b_n}{a_{10}}$

(나) 모든 자연수 n에 대하여 $\dfrac{b_{n+4}}{b_n} = \dfrac{3}{2}$이고, $b_{14} = b_{15}$, $b_{13} = b_{16}$이다.

킬러극킬 – 수학 I

$\displaystyle\sum_{n=1}^{40}\left(\log_2 \dfrac{a_n}{\sqrt[4]{3}} + b_n\right) = 50 + 20\left(\dfrac{3}{2}\right)^{10}$일 때, 모든 b_1의 합이 $\dfrac{p}{q}$이다. $p+q$의 값을 구하시오.

(단, $b_n \neq 0$이고 p, q는 서로소인 자연수이다.) [4점]

82 두 수열 $\{a_n\}$, $\{b_n\}$이 모든 자연수 n에 대하여

$$a_{n+1} = \begin{cases} a_n + 1 \ (a_n < 0) \\ a_n - 3 \ (a_n \geq 0) \end{cases}$$

$$b_{n+1} = \begin{cases} b_n + 3 \ (b_n < 0) \\ b_n - 1 \ (b_n \geq 0) \end{cases}$$

을 만족시킨다. $a_m \times b_m = 0$을 만족시키는 12이하의 자연수 m의 개수가 6일 때, $a_1 - 2b_1$의 최댓값은? [4점]

① 18   ② 21   ③ 24   ④ 27   ⑤ 30

83 첫째항이 20인 수열 $\{a_n\}$이 모든 자연수 n에 대하여 다음 조건을 만족시킨다.

(가) $\left| a_{n+2} \right| = \dfrac{1}{2} \left| a_n \right| + 2$

(나) $a_n a_{n+4} \leq a_{n+1} a_{n+5}$

$a_4 + a_7 = 2$일 때, $\displaystyle\sum_{k=1}^{9} a_k$의 최솟값은? [4점]

① 2   ② 10   ③ 12   ④ 20   ⑤ 22

84 $a_4 > 5$이고 모든 항이 정수인 수열 $\{a_n\}$이 모든 자연수 n에 대하여

$$a_{n+1} = \begin{cases} n+5+a_n \ (a_n < 0) \\ n+3-a_n \ (a_n \geq 0) \end{cases}$$

을 만족시킨다. $a_1 + a_8$의 값의 최댓값과 최솟값의 합을 구하시오. [4점]

85 수열 $\{a_n\}$이 모든 자연수 n에 대하여

$$a_{n+1} = \begin{cases} a_n - \sqrt{n} \times a_{\sqrt{n}} & (\sqrt{n}\text{이 자연수이다.}) \\ a_n + 1 & (\sqrt{n}\text{이 자연수가 아니다.}) \end{cases}$$

를 만족시킨다. 부등식

$$\log_2(x - a_k) < \log_4 x$$

를 만족시키는 자연수 x의 개수가 1이 되도록 하는 20보다 작은 자연수 k의 값의 합이 48일 때 a_1의 최댓값과 최솟값의 합은? [4점]

① 3 ② 4 ③ 5 ④ 6 ⑤ 7

86 모든 항이 정수인 수열 $\{a_n\}$이 다음 조건을 만족시킨다.

> (가) 모든 자연수 n에 대하여 $a_{2n} = a_n + 2|a_n|$이다.
> (나) $\{a_4,\, a_6,\, a_7\} = \{\alpha,\, 6,\, 9\}$ $(\alpha < 0)$

$a_4 + a_5 = 0$이고 $\displaystyle\sum_{n=1}^{14} a_n = 100$일 때, 모든 $a_9 + a_{11} + a_{13}$의 값의 합은? [4점]

① 82   ② 109   ③ 158   ④ 208   ⑤ 246

87 그림과 같이 $\overline{O_1A_1} = 2$인 정삼각형 $O_1A_1C_1$과 점 O_1을 중심으로 하는 사분원 $O_1A_1B_1$이 있다. 호 A_1C_1과 선분 A_1C_1으로 둘러싸인 부분과 부채꼴 $O_1B_1C_1$을 색칠하여 얻은 그림을 R_1이라 하자. 그림 R_1에서 정삼각형 $O_1A_1C_1$ 내부에 사분원과 선분 O_1C_1과 만나는 점을 B_2, 선분 O_1A_1이 만나는 점을 A_2라 하자. 그리고 내부에 사분원의 중심을 O_2, 정삼각형과 호 A_2B_2가 만나는 점을 C_2라 하자. 호 A_2C_2와 선분 A_2C_2로 둘러싸인 부분과 부채꼴 $O_2B_2C_2$를 색칠하여 얻은 그림을 R_2라 하자. 그림 R_2에서 정삼각형 $O_2A_2C_2$ 내부에 사분원과 선분 O_2C_2과 만나는 점을 B_3, 선분 O_2A_2이 만나는 점을 A_3라 하자. 그리고 내부에 사분원의 중심을 O_3, 정삼각형과 호 A_3B_3가 만나는 점을 C_3라 하자. 호 A_3C_3와 선분 A_3C_3로 둘러싸인 부분과 부채꼴 $O_3B_3C_3$를 색칠하여 얻은 그림을 R_3라 하자. 이와 같은 과정을 계속하여 n번째 얻은 그림 R_n에 색칠되어 있는 부분의 넓이를 S_n이라 할 때, S_5의 값은? [4점]

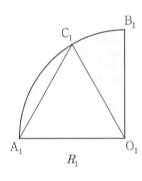

R_1

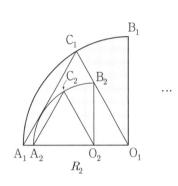

R_2

$\cdots$

① $\dfrac{\pi - \sqrt{3}}{16}$ ② $\dfrac{2\pi - \sqrt{3}}{32}$ ③ $\dfrac{2\pi - \sqrt{3}}{27}$

④ $\dfrac{\pi - \sqrt{3}}{81}$ ⑤ $\dfrac{\pi - \sqrt{3}}{243}$

88 $a_1 = k$이고 $a_2 = a_1 + 2$인 수열 $\{a_n\}$이 $n \geq 2$인 자연수 n에 대하여

$$a_{n+1} = \begin{cases} -a_n + 1 & (\sqrt{|a_{n-1} + a_n|} \text{ 이 자연수인 경우}) \\ a_n - k & (\sqrt{|a_{n-1} + a_n|} \text{ 이 자연수가 아닌 경우}) \end{cases}$$

를 만족시킨다. $a_4 = a_6$을 만족하는 100이하인 자연수 k에 대하여

수열 $\{b_k\}$를

'$a_1 = k$일 때 수열 $\{a_n\}$에서의 k번째 항'

이라 할 때, $b_k = -18$인 모든 자연수 k의 값의 합을 구하시오. [4점]

89 등차수열 $\{a_n\}$에 대하여 $b_n = 2a_n - a_8$ 이라 하고 $\{T_n\}$을 $T_n = |b_2 + b_4 + \cdots + b_{2n}|$ 이라 하자. T_n이 다음 조건을 만족시킬 때, a_8의 값은? [4점]

(가) $a_n < a_{n+1}$

(나) $1 \le n \le 20$ 인 모든 자연수 n에 대하여 $T_{21-n} = T_n$ 이다

(다) $T_{25} = 150$

---

① 10   ② -15 ③ 18   ④ -21 ⑤ 25

90

모든 항이 정수인 등차수열 $\{a_n\}$에 대하여 수열 $\{S_n\}$을 $S_n = \sum_{k=1}^{n} a_k$이라 할 때, 수열 $\{b_n\}$은

$$b_n = \begin{cases} a_n - 1 \ (S_n \leq 0) \\ 7 - a_n \ (S_n > 0) \end{cases}$$

이다. 수열 $\{b_n\}$이 다음 조건을 만족시킬 때, b_{2p}의 값은? (단, p는 자연수이다.) [4점]

(가) $b_4 = b_8$

(나) $A = \{n \,|\, b_n \geq b_p\}$일 때, $n(A) = 1$이다.

---

① -13 ② -14 ③ -15 ④ -16 ⑤ -17

자연수 k에 대하여 수열 $\{a_n\}$이 다음 조건을 만족시킬 때, a_{2k}의 값은? [4점]

(가) $a_1 = 10$이고 모든 자연수 n에 대하여

$$a_{n+1} = \begin{cases} a_n + 3 & (n \leq k) \\ |a_n - 2| & (n > k) \end{cases}$$

이다.

(나) $a_m + a_{m+1} + a_{m+2} = 3$을 만족시키는 자연수 m의 최솟값은 23이다.

① 21   ② 19   ③ 17   ④ 15   ⑤ 13

92

$k > 1$인 상수 k에 대하여 좌표평면에서 함수 $y = \dfrac{kx - k^2 + 3}{x - k}$ 의 그래프와 직선

$kx - y - k^2 + k = 0$의 교점을 각각 A, B라 하고, 함수 $y = \dfrac{kx - k^2 + 3}{x - k}$ 의 그래프와 직선

$x - ky + k^2 - k = 0$의 교점을 각각 C, D라 하자. 네 점 A, B, C, D의 x좌표를 각각 a, b, c, d라 할 때, 네 수 d, b, a, c가 이 순서대로 등차수열을 이룬다. k의 값을 구하시오. (단, $a > k$, $c > k$) [4점]

93 양의 실수 a, b, c, d가 다음 조건을 만족한다.

> (가) a, b, c, d중 하나의 값은 2이다.
> (나) d는 a의 2배이다.
> (다) a, b, c는 이 순서대로 등차수열을 이루고, b, c, d는 이 순서대로 등비수열을 이룬다.

이때, $b+c$의 값이 될 수 없는 것은? [4점]

① $\dfrac{3-\sqrt{5}}{2}$ ② $\dfrac{5+\sqrt{5}}{2}$ ③ $\dfrac{5+3\sqrt{5}}{4}$ ④ $\dfrac{5+3\sqrt{5}}{2}$ ⑤ $2\sqrt{5}$

94

모든 항이 100이하의 자연수이고 다음 조건을 만족시키는 모든 수열 $\{a_n\}$에 대하여 $\displaystyle\sum_{n=1}^{14} a_n$의 최댓값과 최솟값을 각각 M, m이라 할 때, $M+m$의 값을 구하시오. [4점]

> (가) $a_{14} = 11$
>
> (나) 모든 자연수 n에 대하여
>
> $\qquad a_{n+1} > 3$이면 $(a_{n+1} - a_n - 3)(a_{n+1} - \log_2 a_n) = 0$
>
> 이고,
>
> $\qquad a_{n+1} \leq 3$이면 $a_{n+1} - a_n + 11 = 0$
>
> 이다.

95 자연수 k에 대하여 다음 조건을 만족시키는 수열 $\{a_n\}$이 있다. $a_1 = k$이고 모든 자연수 n에 대하여

$$(a_{n+1} - a_n)^2 + 2k(a_{n+1} - a_n) + k^2 - 4n^2 = 0$$

을 만족하는 수열 $\{a_n\}$이 있다. $a_1 = |a_3|$를 만족할 때 $\displaystyle\sum_{n=1}^{20}(a_{n+1} - a_n)$의 최솟값은? [4점]

① -480 ② -500 ③ -540 ④ -580 ⑤ -620

96 수열 $\{a_n\}$이 모든 자연수 n에 대하여

$$|na_n| \leq \frac{1}{n+1}, \quad \left\{a_n a_{n+1} - \frac{a_{n+1}}{n(n+1)}\right\}\left\{a_n a_{n+1} - \frac{a_n}{(n+1)(n+2)}\right\} = 0$$

을 만족시킬 때, $\displaystyle\sum_{n=1}^{6} a_n$의 최댓값을 M, 최솟값을 m이라 하자. $M \times m$의 값은? [4점]

① $-\dfrac{1}{2}$ ② $-\dfrac{18}{35}$ ③ $-\dfrac{37}{70}$ ④ $-\dfrac{19}{35}$ ⑤ $-\dfrac{4}{7}$

수열 $\{a_n\}$이 다음 조건을 만족시킨다.

(가) 모든 자연수 n에 대하여
$$a_{n+1} = \begin{cases} 2a_n & (a_n < 10) \\ a_n - 2 & (a_n \geq 10) \end{cases}$$
이다.

(나) $a_8 = a_6 + 12$

$\displaystyle\sum_{n=1}^{4} a_n a_{31-3n}$의 값은? [4점]

① 23   ② 25   ③ 27   ④ 29   ⑤ 31

98

$a_1 > 1$이고 모든 항이 정수인 수열 $\{a_n\}$이 모든 자연수 n에 대하여

$$a_{n+1} = \begin{cases} |2a_n - 1| + 3 & (n\text{이 홀수인 경우}) \\[2mm] -\dfrac{1}{2}a_n & (n\text{이 짝수인 경우}) \end{cases}$$

이다. $a_{13} > -16$일 때, $\displaystyle\sum_{k=1}^{50} a_k$의 최댓값을 구하시오. [4점]

99 자연수 m에 대하여 다음 조건을 만족시키는 수열 $\{a_n\}$이 있다. $a_1 = 0$이고, 모든 자연수 n에 대하여

$$a_{n+1} = \begin{cases} a_n + 3m & \left(\dfrac{a_n}{7}\text{이 정수인 경우}\right) \\[2mm] a_n + m & \left(\dfrac{a_n}{7}\text{이 정수가 아닌 경우}\right) \end{cases}$$

이다.

$a_k = 567$인 자연수 k가 존재하도록 하는 모든 m의 값의 합은? [4점]

① 401   ② 421   ③ 441   ④ 461   ⑤ 481

100 다음 조건을 만족시키는 모든 수열 $\{a_n\}$에 대하여 $\displaystyle\sum_{k=1}^{100} a_k$의 값을 크기순으로 나열하면 α_1, α_2, $\cdots$, α_{m-1}, α_m 이다.

> (가) $a_5 = 2$
>
> (나) 모든 자연수 n에 대하여
> $$a_{n+1} = \begin{cases} 2a_n - 4 & (a_n > 0) \\ a_n + 2 & (a_n \le 0) \end{cases}$$
> 이다.

$\alpha_2 + \alpha_{m-1}$의 값은? (단, $m > 2$인 자연수이다.) [4점]

① $\dfrac{389}{2}$　　　② $\dfrac{391}{2}$　　　③ $\dfrac{393}{2}$　　　④ $\dfrac{395}{2}$　　　⑤ $\dfrac{397}{2}$

101 수열 $\{a_n\}$에 대하여 $S_n = \sum\limits_{k=1}^{n} a_k$라 할 때, 모든 자연수 n에 대하여

$$\log_{a_n}(S_n + 2) - \log_{\frac{S_n + 2}{2}} 2 = 1$$

이 성립할 때, S_8의 값을 구하시오. (단, $a_n > 1$) [4점]

102 $70 < a_1 < 80$인 수열 $\{a_n\}$이 모든 자연수 n에 대하여

$$a_{n+2} = \begin{cases} 2a_n - 3a_{n+1} & \left(a_n \geq a_{n+1}\right) \\ a_{n+1} - 4n & \left(a_n < a_{n+1}\right) \end{cases}$$

이다. $a_{m+3} = a_{m+1} < a_m = a_{m+2}$인 2이상의 자연수 m이 존재할 때, $\displaystyle\sum_{n=1}^{6} a_n$의 값은? [4점]

① 168   ② 172   ③ 176   ④ 180   ⑤ 184

103 모든 항이 자연수인 수열 $\{a_n\}$은 $a_1 = 1$, $a_3 = 12$이고

$$a_{n+2} = \sum_{k=a_n}^{a_{n+1}} (2k-5) \ (n \geq 1)$$

이다. $\dfrac{a_5}{a_2 + a_4 + 1}$ 의 값을 구하시오. [4점]

104 등차수열 $\{a_n\}$에 대하여

$$S_n = \sum_{k=1}^{n} (-1)^k a_k, \quad T_n = \left| \sum_{k=1}^{n} a_k \right|$$

라 할 때, S_n과 T_n은 다음 조건을 만족시킨다.

(가) $S_{14} = -21$,

(나) 수열 $\{T_n\}$에 대하여 $T_4 < T_5$, $T_5 > T_6$이고, $S_5 \times T_5 = -320$이다.

이때 수열 $\{T_n\}$의 최솟값을 m이라 할 때, $S_{13} \times m$의 값을 구하시오. [4점]

105 공비가 1이 아닌 등비수열 $\{a_n\}$에 대하여 수열 $\{b_n\}$이 다음 조건을 만족시킨다.

(가) $b_1 = 2a_1$

(나) 모든 자연수 n에 대하여 $b_{2n} = b_{2n-1} \times (a_{2n})^2$, $b_{2n+1} = b_{2n} \div (a_{2n+1})^2$이다.

(다) $b_{15} = a_{15}$

$b_{15} = 10\sqrt{2}$ 일 때, a_1의 값을 구하시오. (단, $a_1 > 0$) [4점]

106 수열 $\{a_n\}$이 모든 자연수 n에 대하여 다음 조건을 만족시킨다.

(가) $a_{4n-2} + a_{4n} = a_n - 3$

(나) $a_{4n-1} + a_{4n+1} = a_n + 3$

$\displaystyle\sum_{n=1}^{341} a_n = 93$일 때, a_1의 값을 구하시오. [4점]

107 두 수열 $\{a_n\}$, $\{b_n\}$이 모든 자연수 n에 대하여 다음 조건을 만족시킨다.

(가) $a_{n+1} = 2a_n + b_n$

(나) $b_{n+1} = a_n - 2b_n$

$\displaystyle\sum_{n=1}^{10} (a_n - b_n) = 1562$ 일 때, $a_1 + a_2 - b_1 - b_2$의 값을 구하시오. [4점]

108 자연수 n에 대하여 $f(x) = \dfrac{1}{n-x}$와 역함수 $f^{-1}(x)$로 둘러싸인 부분 (경계 포함)에 포함된 정사각형 중 한 변의 길이가 1이고 꼭짓점 x좌표와 y좌표가 모두 자연수인 정사각형의 개수를 a_n이라 하자. $\displaystyle\sum_{n=3}^{12} a_n$의 값을 구하시오. [4점]

109 모든 항과 공차가 자연수인 등차수열 $\{a_n\}$이 있다. $\{a_n\}$에서 연속한 항 n개를 선택해서 만든 새로운 부분수열 $\{b_n\}$은 다음 조건을 만족시킨다.

(가) $\{b_n\}$의 모든 항의 합은 120이다.

(나) $\{b_n\}$의 항의 개수는 홀수이며, 첫째항을 b_1, 공차를 d라 할 때, $b_1 \le k$, $d \le k$를 만족한다.

수열 $\{b_n\}$의 항의 개수로 가능한 n의 값을 크기순으로 n_1, n_2, $\cdots$, n_t이라 하자. 각각의 $n_s\,(s = 1, 2, \cdots, t)$의 값에 따른 가능한 수열 $\{b_n\}$의 개수를 $10 \le k \le 40$인 자연수 k에 대하여 D_k라 할 때, $D_k - D_{k-1} = 2$을 만족하는 모든 D_k의 합을 s라 하자. $\dfrac{s-1}{t}$의 값을 구하시오. (단, t는 자연수이고 $\{b_n\}$: $b_1, b_2, b_3, b_4, \ldots\ldots, b_{n-2},\ b_{n-1}, b_n$이다.) [4점]

110 모든 항이 정수인 수열 $\{a_n\}$이 다음 조건을 만족시킨다.

> (가) 모든 자연수 n과 정수 k에 대하여
> $$a_{n+1} = \begin{cases} a_n + 5 & (a_n = 3k) \\ a_n - 2 & (a_n \neq 3k) \end{cases}$$
>
> (나) 수열 $\{a_n\}$의 첫째항부터 제n항까지의 합의 최솟값은 -114이다.

$(a_1)^2$의 값을 구하시오. [4점]

111 첫째항이 자연수인 수열 $\{a_n\}$이 모든 자연수 n에 대하여

$$a_{n+1} = \begin{cases} (n-1)a_1 & (a_n < 0) \\ a_n - 3 & (a_n \geq 0) \end{cases}$$

을 만족시킨다. $a_8 < 0$일 때, 가능한 모든 a_1의 값의 합은? [4점]

① 52   ② 56   ③ 60   ④ 64   ⑤ 68

등차수열 $\{a_n\}$의 첫째항부터 제 n 항까지의 합 S_n에 대하여 집합 T를
$T = \{(p,\,q)\,|\,S_p = S_q,\ p,\,q$는 서로 다른 자연수$\}$ 라 할 때, 다음 조건이 성립한다.

(가) $n(T) = 40$
(나) $|a_1|$과 $|d|$는 서로소인 자연수이다.

S_n의 최댓값이 존재할 때, S_n의 최댓값은? (단, $\{a_n\}$의 첫째항이 a_1, 공차가 d이고
$|d| \neq 1$이다.) [4점]

① 289　　　　② 324　　　　③ 361　　　　④ 400　　　　⑤ 441

113 모든 항이 정수인 수열 $\{a_n\}$은 모든 자연수 n에 대하여

$$a_{n+1} = \begin{cases} 2^{|a_n|} & (|a_n| \leq 4) \\ -4 + |a_n| & (|a_n| > 4) \end{cases}$$

를 만족시킨다. $a_5 = 16$일 때, 만족하는 a_1의 서로 다른 값의 개수를 구하시오. [4점]

114 공차가 자연수인 등차수열 $\{a_n\}$ 이 다음 조건을 만족시킬 때, $\displaystyle\sum_{k=1}^{m} \frac{a_k}{|a_k|}$ 의 최솟값을 α 라 하자. $|\alpha|$ 의 값을 구하시오. [4점]

(가) $a_1 = -45$

(나) $\displaystyle\sum_{k=m}^{m+3} \left\{ (-1)^{a_k} \times a_k \right\} = 0$ 인 자연수 m 이 존재한다.

115 수열 $\{a_n\}$은 a_1이 자연수이고 모든 자연수 n에 대하여

$$a_{n+1} = \begin{cases} a_n - d & (a_n \geq 0) \\ 2a_n + 3d & (a_n < 0) \end{cases} \quad (d \text{는 자연수})$$

이다. $a_n < 0$인 자연수 n의 최솟값을 m이라 할 때, 수열 $\{a_n\}$은 다음 조건을 만족시킨다.

(가) $a_{m-2} + a_{m-1} + a_m = 0$

(나) $a_1 + a_m = 6\left(a_{m+1} + a_{m+2}\right)$

(다) $\displaystyle\sum_{k=1}^{m} a_k = 81$

$a_1 + a_{m-2}$의 값을 구하시오. [4점]

116 모든 항이 정수인 수열 $\{a_n\}$이 다음 조건을 만족시킨다.

(가) $a_6 = 2$

(나) $a_{4n-2} = a_{4n-1} = \begin{cases} -2a_n - 1 & (a_n \leq 0) \\ a_n - 2 & (a_n > 0) \end{cases}$

(다) $a_{4n} = a_{4n+1} = \begin{cases} -2a_n - 2 & (a_n \leq 0) \\ a_n - 4 & (a_n > 0) \end{cases}$

$\displaystyle\sum_{n=1}^{m} a_n = 0$을 만족시키는 자연수 m의 최솟값은? [4점]

① 24　　　　② 28　　　　③ 32　　　　④ 36　　　　⑤ 40

117

(1) 수열 $\{a_n\}$은 $a_1 = 1$, $a_2 = 1$이고, 모든 자연수 n에 대하여

$$\begin{cases} a_{3n} = a_n \\ a_{3n+1} = a_n + 1 \\ a_{3n+2} = 2a_n \end{cases}$$

을 만족시킨다. 100이하의 자연수 k에 대하여 $a_k = 2$인 모든 자연수 k의 개수를 구하시오. [4점]

(2) 수열 $\{a_n\}$은 $a_1 = 1$, $a_2 = 2$이고, 모든 자연수 n에 대하여

$$\begin{cases} a_{3n} = a_n + 1 \\ a_{3n+1} = a_n - 1 \\ a_{3n+2} = 2a_n - 1 \end{cases}$$

을 만족시킨다. 집합 $\{a_n \,|\, 1 \leq n \leq 80\}$의 원소 중 최댓값을 구하시오. [4점]

118 첫째항이 양수이고 모든 항이 정수인 수열 $\{a_n\}$이 다음 조건을 만족시킨다.

> (가) 모든 자연수 n에 대하여 $a_{n+1} = 2 - |a_n + 1|$이다.
>
> (나) $a_k \neq a_{k+1}$이고 $a_k = a_{k+2}$를 만족시키는 자연수 k의 최솟값은 4이다.

이때 a_1의 값으로 가능한 모든 수의 합을 구하시오. [4점]

119 수열 $\{a_n\}$의 첫째항부터 제n항까지의 합을 S_n이라 할 때, 수열 $\{a_n\}$이 모든 자연수 n에 대하여 다음 조건을 만족시킨다.

(가) $S_{2n-1} = a_1$

(나) 수열 $\{a_n a_{n+1}\}$은 공비가 r인 등비수열이다.

$S_8 = -80a_1$일 때, r^2의 값을 구하시오. (단, r은 0이 아닌 실수이다.) [4점]

120 첫째항이 1인 수열 $\{a_m\}$ 와 두 자연수 m, k에 대하여 집합 A_m를

$$A_m = \left\{ k \ \middle| \ \frac{1}{m+2} < \frac{a_m}{k} \leq \frac{1}{m} \right\}$$

라 하자. $a_{m+1} = n(A_m)$일 때, a_{10}의 값을 구하시오. (단, $m \geq 1$) [4점]

121 서로 다른 n개의 항으로 이루어진 등차수열 a_n이 다음 세 조건을 만족한다.

(가) 처음 4개 항의 합은 22이다.

(나) 마지막 4개 항의 합은 $12n - 26$이다.

(다) 처음 20개의 항의 합은 나머지 항의 합보다 100만큼 크다.

이때, 자연수 n의 값을 구하시오. [4점]

n개의 실수 $a_1, a_2, a_3, \cdots, a_n$은 $-2, -1, 1$ 중 하나의 값을 갖고 $\displaystyle\sum_{k=1}^{n}|a_k| = 13$, $\displaystyle\sum_{k=1}^{n}{a_k}^2 = 19$이다. 이 n개의 수 중 하나를 뽑았을 때 그 수가 음수일 확률이 $\dfrac{1}{2}$일 때 $\displaystyle\sum_{k=1}^{n}a_k = b$이다. b^2의 값을 구하시오. [4점]

123 홀수 n에 대하여 부등식

$$0 \le a \le 2b \le c \le n$$

을 만족시키는 정수 a, b, c의 순서쌍 $(a,\ b,\ c)$의 개수를 a_n이라 할 때, $\displaystyle\sum_{i=1}^{9} \frac{a_{2i-1}}{2i+1}$ 의 값을 구하시오. [4점]

124 모든 항이 양의 정수로 이루어진 수열 $\{a_n\}$이 다음 조건을 만족시킨다.

> (가) 모든 자연수 n에 대하여
> $$a_{n+1} = \begin{cases} \dfrac{1}{2}(a_n + 1) & (a_n \text{이 홀수인 경우}) \\[2mm] \dfrac{1}{2}a_n + 1 & (a_n \text{이 짝수인 경우}) \end{cases}$$ 가 성립한다.
>
> (나) 수열 $\{a_n\}$에서 $a_n \neq 2$을 만족시키는 항의 개수는 5이다.

$\displaystyle\sum_{k=1}^{6} a_k = 65$일 때, $a_2 + a_4$의 값은? [4점]

① 19   ② 20   ③ 21   ④ 22   ⑤ 23

125 모든 항이 0이 아닌 정수로 이루어진 수열 $\{a_n\}$이 다음과 같다.

$$a_{n+1} = \begin{cases} \dfrac{1}{2}\left(a_n - 1\right)\sin\left(\dfrac{|a_n|\pi}{2}\right) & (|a_n|\text{이 홀수}) \\[3mm] \dfrac{1}{2}\,a_n \cos\left(\dfrac{|a_n|\pi}{2}\right) & (|a_n|\text{이 0이 아닌 짝수}) \end{cases}$$

$a_4 = -1$일 때, 가능한 모든 a_1의 값에 대하여 작은 수부터 차례대로 나열한 값을 $\alpha_1, \alpha_2, \alpha_3, \cdots, \alpha_m$ (단, m은 자연수)이라 할 때, $m + \alpha_2 + \alpha_{m-1}$의 값은? [4점]

① 9   ② 11   ③ 13   ④ 15   ⑤ 17

랑데뷰 N제

수능 수학 킬러 문항 대비를 위한 필독서

수학 I - 킬러극킬 해설편

smart is sexy

Orbi.kr

황보백 지음

orbi books

랑데뷰
N 제

킬러극킬
수 학 I

랑데뷰
N   제

하루 중 90%는 겸손하게 10%는 자신있게...

빠른 정답

지수로그함수

1	6	2	①	3	④	4	4	5	④
6	930	7	148	8	21	9	353	10	12

11	10	12	⑤	13	23	14	261	15	①
16	④	17	④	18	④	19	④	20	②

21	52	22	④	23	71	24	29	25	15
26	①	27	13	28	21	29	25	30	404

31	156	32	(1) ③ (2) 10	33	2	34	①	35	21

삼각함수

36	①	37	120	38	①	39	⑤	40	④
41	⑤	42	③	43	30	44	②	45	④

46	⑤	47	16	48	②	49	4	50	③
51	12	52	⑤	53	①	54	9	55	④

56	③	57	20	58	29	59	⑤	60	①
61	②	62	3	63	②	64	①	65	391

66	47	67	110	68	31	69	43	70	③
71	④	72	③	73	③	74	7	75	40

76	24	77	23						

78	29	79	11	80	8	81	27	82	③
83	①	84	14	85	①	86	⑤	87	④

88	37	89	④	90	①	91	②	92	3
93	①	94	346	95	①	96	③	97	23

98	782	99	①	100	⑤	101	510	102	③
103	80	104	20	105	10	106	3	107	2

108	385	109	134	110	256	111	④	112	⑤
113	11	114	22	115	24	116	④	117	(1) 30 (2) 9

118	21	119	9	120	512	121	27	122	9
123	110	124	③	125	③				

랑데뷰
N   제

하루 중 90%는 겸손하게 10%는 자신있게...

상세 해설

01 정답 6

[그림 : 배용제T]

곡선 $y=a^{-x}+k$는 점근선이 $y=k$이고 $a>1$이므로 감소하는 그래프이다.

곡선 $y=a^{-x+1-k}+1$는 점근선이 $y=1$이고 $a>1$이므로 감소하는 그래프이다.

함수 $f(x)$의 그래프 위의 점을 지나고 기울기가 1인 직선이 함수 $f(x)$의 그래프와 서로 다른 두 점에서 만나기 위해서는 좌표평면에서 점근선 $y=k$가 점근선 $y=1$보다 아래쪽에 위치해야 한다. 즉, $k<1$이다.

(i) $p<0$일 때,

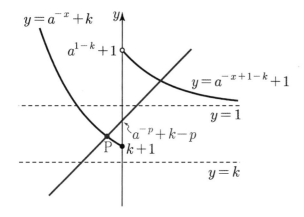

점 $\mathrm{P}\left(p,\ a^{-p}+k\right)$를 지나고 기울기가 1인 직선의 방정식은 $y=(x-p)+a^{-p}+k$이므로 y절편은 $a^{-p}+k-p$이다.

직선 $y=(x-p)+a^{-p}+k$이 곡선 $y=a^{-x+1-k}+1$과 만나기 위해서는 직선의 y절편이 곡선의 y절편보다 작아야 한다.

$a^{-p}+k-p<a^{1-k}+1$

$a^{-p}-p<a^{1-k}+1-k$ …… ㉠

함수 $g(x)=a^x+x$에서 $a>1$이면 함수 $g(x)$는 증가함수이다.

㉠은 $g(-p)<g(1-k)$이므로 $-p<1-k$이다.

$\therefore\ k-1<p$

(ii) $p>0$일 때,

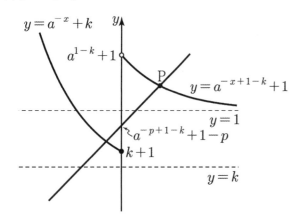

점 $\mathrm{P}\left(p,\ a^{-p+1-k}+1\right)$를 지나고 기울기가 1인 직선의 방정식은 $y=(x-p)+a^{-p+1-k}+1$이므로 y절편은

$a^{-p+1-k}+1-p$이다.

직선 $y=(x-p)+a^{-p+1-k}+1$이 곡선 $y=a^{-x+1-k}+1$과 만나기 위해서는 직선의 y절편이 곡선의 y절편보다 크거나 같아야 한다.

$a^{-p+1-k}+1-p\geq k+1$

$a^{1-(p+k)}\geq p+k$ …… ㉡

$a>1$일 때, $y=a^{1-x}$와 $y=x$의 그래프는 그림과 같고 ㉡이 성립하기 위해서는 $p+k\leq 1$이어야 한다.

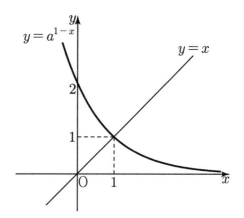

$\therefore\ p\leq 1-k$

(i), (ii)에서 $k-1<p\leq 1-k$이다.

정수 p의 개수가 10이므로 $(1-k)-(k-1)=10$

$2-2k=10$

$\therefore\ k=-4$

따라서 $f(x)=\begin{cases}a^{-x}-4 & (x\leq 0)\\ a^{-x+5}+1 & (x>0)\end{cases}$ 이다.

$f(k)=f(-4)=a^4-4=32$

$a^4=36$에서 $a^2=6$이다.

02 정답 ①

[그림 : 최성훈T]

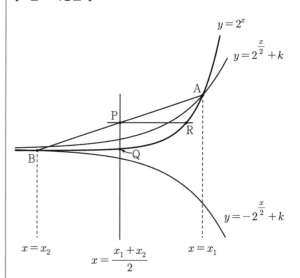

점 $A(x_1, y_1)$이라 하면 $2^{x_1} = 2^{\frac{x_1}{2}} + k$에서 $2^{\frac{x_1}{2}} = t \ (t > 0)$라 하면

$t^2 - t - k = 0$

$t = \dfrac{1 + \sqrt{1 + 4k}}{2}$

$2^{\frac{x_1}{2}} = \dfrac{1 + \sqrt{1 + 4k}}{2}$ ...... ㉠

점 $B(x_2, y_2)$라 하면 $2^{x_2} = -2^{\frac{x_2}{2}} + k$에서 $2^{\frac{x_2}{2}} = s \ (s > 0)$라 하면

$s^2 + s - k = 0$

$s = \dfrac{-1 + \sqrt{1 + 4k}}{2}$

$2^{\frac{x_2}{2}} = \dfrac{-1 + \sqrt{1 + 4k}}{2}$ ...... ㉡

㉠, ㉡에서

$2^{\frac{x_1 + x_2}{2}} = k$

$\therefore \ \dfrac{x_1 + x_2}{2} = \log_2 k$ ...... ㉢

$y_1 = 2^{x_1}$, $y_2 = 2^{x_2}$이므로 $y_1 + y_2 = 2^{x_1} + 2^{x_2}$이고

㉠에서 $2^{x_1} = \dfrac{1 + 2k + \sqrt{1 + 4k}}{2}$, ㉡에서

$2^{x_2} = \dfrac{1 + 2k - \sqrt{1 + 4k}}{2}$

이므로 $2^{x_1} + 2^{x_2} = 1 + 2k$

$\therefore \ \dfrac{y_1 + y_2}{2} = k + \dfrac{1}{2}$ ...... ㉣

㉢, ㉣에서 $P\left(\log_2 k, \ k + \dfrac{1}{2}\right)$이다.

따라서

직선 $x = \log_2 k$가 곡선 $y = 2^x$와 만나는 점 Q의 좌표는 $(\log_2 k, \ k)$이므로 $\overline{PQ} = \dfrac{1}{2}$이다.

직선 $y = k + \dfrac{1}{2}$이 곡선 $y = 2^x$와 만나는 점 R의 좌표는

$\left(\log_2\left(k + \dfrac{1}{2}\right), \ k + \dfrac{1}{2}\right)$이므로

$\overline{PR} = \log_2\left(k + \dfrac{1}{2}\right) - \log_2 k = \log_2\left(1 + \dfrac{1}{2k}\right)$이다.

삼각형 PQR의 넓이가 1이므로

$\dfrac{1}{2} \times \overline{PQ} \times \overline{PR} = \dfrac{1}{2} \times \dfrac{1}{2} \times \log_2\left(1 + \dfrac{1}{2k}\right) = 1$

$\log_2\left(1 + \dfrac{1}{2k}\right) = 4$

$1 + \dfrac{1}{2k} = 16$

$\dfrac{1}{2k} = 15$

$\therefore \ k = \dfrac{1}{30}$

03 정답 ④

[그림 : 최성훈T]

점 A에서 x축에 내린 수선의 발을 E라 하고 점 C를 지나고 x축에 수직인 직선과 점 B를 지나고 x축에 평행한 직선이 만나는 점을 F라 하자. 점 D에서 선분 BC에 내린 수선의 발을 G라 하면 이등변삼각형 BCD($\because$ (가))에서 $\overline{CG} = \overline{BG}$이고 $\angle DGC = \dfrac{\pi}{2}$이다.

(나)에서 점 A가 점 G로 대칭 이동되므로 $\triangle DCG \equiv \triangle DCA$

따라서 $\overline{BC} = 2\overline{AC}$이다.

삼각형 CBF와 삼각형 CAE에서 $\angle CFB = \angle CEA = \dfrac{\pi}{2}$이고 $\angle DCF = \angle DCE$에서 $\angle BCF = \angle ACE$이므로 $\triangle CBF \backsim \triangle CAE$이고 닮음비는 $2 : 1$이다.

한편, 두 점 A, B의 중점 M이 x축 위에 있으므로 $\overline{AE} = \overline{CF}$이다.

$\overline{BF} : \overline{AE} = 2 : 1$에서 $\overline{BF} : \overline{CF} = 2 : 1 \rightarrow \dfrac{\overline{CF}}{\overline{BF}} = \dfrac{1}{2}$이다.

그러므로 직선 BC의 기울기는 $\dfrac{1}{2}$, 직선 AC의 기울기는 2, 직선 AD의 기울기는 $-\dfrac{1}{2}$이다. ...... ㉠

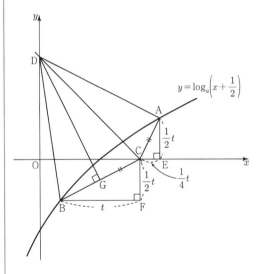

$\overline{BF} = t \ (t > 0)$라 하면 $\overline{CF} = \overline{AE} = \dfrac{1}{2}t$, $\overline{CE} = \dfrac{1}{4}t$

따라서 점 B의 y좌표를 $-\dfrac{1}{2}t$, 점 A의 y좌표를 $\dfrac{1}{2}t$이다.

$\log_a\left(x + \dfrac{1}{2}\right) = -\dfrac{1}{2}t \rightarrow x = a^{-\frac{1}{2}t} - \dfrac{1}{2}$

$\rightarrow B\left(a^{-\frac{1}{2}t} - \dfrac{1}{2}, \ -\dfrac{1}{2}t\right)$

$\log_a\left(x + \dfrac{1}{2}\right) = \dfrac{1}{2}t \rightarrow x = a^{\frac{1}{2}t} - \dfrac{1}{2} \rightarrow A\left(a^{\frac{1}{2}t} - \dfrac{1}{2}, \ \dfrac{1}{2}t\right)$

직선 CD의 방정식을 $y = -x + b \ (b > 0)$라 하면 $C(b, 0)$, $D(0, b)$이다.

$\overline{BF} = t = b - \left(a^{-\frac{1}{2}t} - \dfrac{1}{2}\right) \rightarrow a^{-\frac{1}{2}t} = b - t + \dfrac{1}{2}$ ...... ㉡

$\overline{\text{CE}} = \dfrac{1}{4}t = a^{\frac{1}{2}t} - \dfrac{1}{2} - b \rightarrow a^{\frac{1}{2}t} = b + \dfrac{1}{4}t + \dfrac{1}{2}$ ······ ㉢

㉠에서 직선 AD의 기울기가 $-\dfrac{1}{2}$이므로

$\dfrac{\dfrac{1}{2}t - b}{a^{\frac{1}{2}t} - \dfrac{1}{2}} = -\dfrac{1}{2} \rightarrow a^{\frac{1}{2}t} - \dfrac{1}{2} = -t + 2b$ ······ ㉣

㉢, ㉣에서 $b + \dfrac{1}{4}t = -t + 2b$

$\therefore b = \dfrac{5}{4}t$

㉡, ㉢에서

$a^{-\frac{1}{2}t} = \dfrac{1}{4}t + \dfrac{1}{2}$, $a^{\frac{1}{2}t} = \dfrac{3}{2}t + \dfrac{1}{2}$

변변 곱하면

$1 = \left(\dfrac{1}{4}t + \dfrac{1}{2}\right)\left(\dfrac{3}{2}t + \dfrac{1}{2}\right)$

$1 = \dfrac{3}{8}t^2 + \dfrac{7}{8}t + \dfrac{1}{4}$

$3t^2 + 7t - 6 = 0$

$(3t - 2)(t + 3) = 0$

$\therefore t = \dfrac{2}{3}$

따라서 $a^{-\frac{1}{2} \times \frac{2}{3}} = \dfrac{1}{4}\left(\dfrac{2}{3}\right) + \dfrac{1}{2}$

$a^{-\frac{1}{3}} = \dfrac{2}{3}$

$\therefore a = \dfrac{27}{8}$

04 정답 4

곡선 $y = \left| 2^{-x+4} - 4 \right|$ 의 그래프는 다음과 같다.

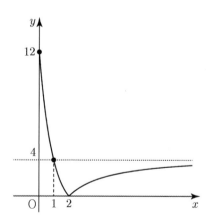

직선 $y = k$와 곡선 $y = \left| 2^{-x+4} - 4 \right|$ $(x \geq 0)$의 그래프의
교점의 개수는 다음과 같다.

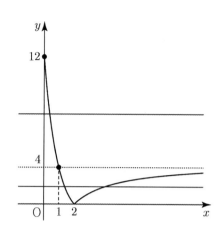

$k < 0$ 또는 $k > 12$일 때, 0
$k = 0$ 또는 $4 \leq k \leq 12$일 때, 1
$0 < k < 4$일 때, 2
이다.
이때 함수 $y = f(x)$의 그래프와 직선 $y = k$가 만나는 점의
개수가 0, 1, 3이기 위해서는
$x < 0$에서 $y = a^{x+b} + a - b$의 그래프와 직선 $y = k$가 만나는
점의 개수는
$k \leq 0$ 또는 $k \geq 4$일 때, 0
$0 < k < 4$일 때, 1
이어야 한다.
따라서 $y = a^{x+b} + a - b$의 그래프는
$0 < a < 1$일 때는 감소함수이고 $a > 1$일 때는 증가함수이다.
$0 < a < 1$일 때 점근선 $y = a - b$에서 $a - b < 4$이어야 교점의
개수가 3이 되는데 감소함수이면 교점의 개수가 2도 될 수 밖에
없다.

따라서 $a > 1$

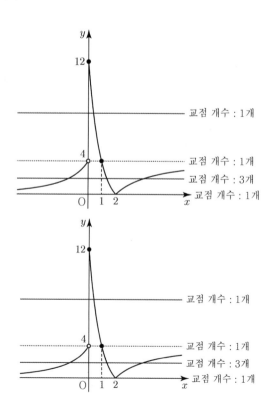

$a > 1$이므로 증가함수 개형에서 $(0, 4)$를 지나고 점근선이
$y = 0$이어야 한다.
$a - b = 0$에서 $a = b$
$y = a^{x+a}$이 $(0, 4)$를 지나므로 $4 = a^a$에서 $a = 2$이다.
따라서 $a = b = 2$이다.
$a + b = 4$

05 정답 ④

a_n은 방정식 $x^n = \left(k + 6\sin\dfrac{n}{12}\pi + 6\cos\dfrac{n}{6}\pi\right)^n$ 의 실근의

개수이다.

n이 홀수이면 a_n의 값은 항상 1이고

n이 짝수이면 $\left(k + 6\sin\dfrac{n}{12}\pi + 6\cos\dfrac{n}{6}\pi\right)^n \geq 0$이므로 a_n의

값은 1 또는 2이다.

따라서 n이 짝수일 때 $k + 6\sin\dfrac{n}{12}\pi + 6\cos\dfrac{n}{6}\pi$의 값을

알아보면 되겠다.

$n = 2$일 때, $k + 3 + 3 = k + 6$
$n = 4$일 때, $k + 3\sqrt{3} - 3$
$n = 6$일 때, $k + 6 - 6 = k$
$n = 8$일 때, $k + 3 + 3 = k + 6$
$n = 10$일 때, $k + 3 + 3 = k + 6$
$n = 12$일 때, $k + 0 + 6 = k + 6$
이다.

$\displaystyle\sum_{n=2}^{12} a_n$의 값이 최소가 될 경우는 n이 짝수일 때, $k + 6$의 값이

0일 때가 4번 나타나므로 $k = -6$일 때 최소이다.

06 정답 930

$(-4)^{\frac{n+k}{2}} = (-1)^{\frac{n+k}{2}} \times 2^{n+k}$이므로

$x^n = (-1)^{\frac{n+k}{2}} \times 2^{n+k}$

(i) $n = 2m$일 때,

방정식 $x^{2m} = (-1)^{\frac{2m+k}{2}} \times 2^{2m+k}$에서 우변이 양수이면
음수해가 존재한다. 우변이 양수가 되기 위해서는 $2m + k$가 4의
배수이어야 한다. …… ㉠

$2m + k$가 4의 배수이면 $(-1)^{\frac{2m+k}{2}} = 1$이므로

$x^{2m} = 2^{2m+k}$

$x = \pm 2^{1 + \frac{k}{2m}}$

이 해 중 음의 정수해가 존재하려면
k는 $2m$의 배수이어야 한다. …… ㉡

㉠, ㉡에서 k는 $2m$, $6m$, $10m$, …가 가능하다.

따라서 $f(2m) = 6m$

(ii) $n = 2m + 1$일 때,

방정식 $x^{2m+1} = (-1)^{\frac{2m+1+k}{2}} \times 2^{2m+1+k}$에서 우변이 음수이면
음수해가 존재한다. 우변이 음수가 되기 위해서는 $2m + 1 + k$가
4의 배수가 아닌 짝수이어야 한다. …… ㉢

$2m + 1 + k$가 4의 배수가 아닌 짝수이면

$(-1)^{\frac{2m+1+k}{2}} = -1$이므로

$x^{2m+1} = -2^{2m+1+k}$

$x = -2^{1 + \frac{k}{2m+1}}$

이 해가 음의 정수해가 되기 위해서는
k는 $2m + 1$의 배수이다. …… ㉣

㉢, ㉣에서

k는 $2m + 1$의 배수 중 $2m + 1$, $5(2m + 1)$, …이어야 한다.
…… ㉤

따라서 $f(2m + 1) = 10m + 5$이다.

(i), (ii)에서 $f(2m) + f(2m + 1) = 16m + 5$이다.

따라서

$\displaystyle\sum_{m=1}^{10} \{f(2m) + f(2m + 1)\}$

$= \displaystyle\sum_{m=1}^{10} (16m + 5)$

$= 16 \times 55 + 50 = 930$

[랑데뷰팁]-㉤ 설명

$k = 2(2m + 1)$이면 $2m + 1 + k = 6m + 3$으로 홀수라서
모순

$k = 3(2m + 1)$이면 $2m + 1 + k = 8m + 4$으로 4의
배수라서 모순

$k = 4(2m + 1)$이면 $2m + 1 + k = 10m + 5$으로 홀수라서
모순이다.

[다른 풀이]-이소영T

$(-4)^{\frac{n+k}{2}}$의 n제곱근 중 음의 정수가 존재하려면

$x^n = (-4)^{\frac{n+k}{2}}$

n이 짝수이면 $(-4)^{\frac{n+k}{2}}$는 양수이고, n이 홀수이면

$(-4)^{\frac{n+k}{2}}$는 음수이면 된다.

$(-4)^{\frac{n+k}{2}}$의 n제곱근 중 음의 정수가 존재하도록 하는 자연수 k

중 두 번째로 작은 값을 $f(n)$이라 할 때,

$\displaystyle\sum_{m=1}^{10} \{f(2m) + f(2m + 1)\}$의 값을 구해보자.

$\displaystyle\sum_{m=1}^{10} \{f(2m) + f(2m + 1)\}$

$= f(2) + f(3) + f(4) + f(5) + \cdots + f(20) + f(21)$

$f(n)$에서 n이 짝수일 때 규칙을 확인해보면 아래와 같다.

$f(2)$는 $x^2 = (-4)^{\frac{2+k}{2}}$이 음의 정수 해가 존재하려면 지수인 $\frac{2+k}{2}$는 짝수이면서 2의 배수가 되어야 한다. 자연수 k 중 두 번째로 작은 값은 $\frac{2+k}{2} = 2 \times 2$이므로 $f(2) = 6$이다.

$f(4)$는 $x^4 = (-4)^{\frac{4+k}{2}}$이 음의 정수 해가 존재하려면 지수인 $\frac{4+k}{2}$는 짝수이면서 4의 배수가 되어야 한다. 자연수 k 중 두 번째로 작은 값은 $\frac{4+k}{2} = 4 \times 2$이므로 $f(4) = 12$이다.

따라서 $f(2m)$은 $x^{2m} = (-4)^{\frac{2m+k}{2}}$가 음의 정수 해가 존재하려면 지수인 $\frac{2m+k}{2}$는 짝수이면서 $2m$의 배수가 되어야 한다. 자연수 k 중 두 번째로 작은 값은 $\frac{2m+k}{2} = 2m \times 2$이므로 $f(2m) = 6m$임을 알 수 있다. $\cdots$ ㉠

$f(n)$에서 n이 홀수($n \geq 3$)일 때 규칙을 확인해보면 아래와 같다.

$f(3)$은 $x^3 = (-4)^{\frac{3+k}{2}}$이 음의 정수 해가 존재하려면 지수인 $\frac{3+k}{2}$는 홀수이면서 3의 배수가 되어야 한다. 자연수 k 중 두 번째로 작은 값은 $\frac{3+k}{2} = 3 \times 3$이므로 $f(3) = 15$이다.

$f(5)$는 $x^5 = (-4)^{\frac{5+k}{2}}$이 음의 정수 해가 존재하려면 지수인 $\frac{5+k}{2}$는 홀수이면서 5의 배수가 되어야 한다. 자연수 k 중 두 번째로 작은 값은 $\frac{5+k}{2} = 5 \times 3$이므로 $f(5) = 25$이다.

따라서 $f(2m+1)$은 $x^{2m+1} = \frac{2m+1+k}{2}$가 음의 정수 해가 존재하려면 지수인 $\frac{2m+1+k}{2}$는 홀수이면서 $2m+1$의 배수가 되어야 한다. 자연수 k 중 두 번째로 작은 값은 $\frac{2m+1+k}{2} = (2m+1) \times 3$이므로 $f(2m+1) = 10m+5$임을 알 수 있다. $\cdots$ ㉡

㉠, ㉡에서 $f(2m) = 6m$, $f(2m+1) = 10m+5$이므로

$\sum_{m=1}^{10} \{ f(2m) + f(2m+1) \}$

$= \sum_{m=1}^{10} (16m+5) = 16 \cdot \frac{10 \cdot 11}{2} + 50$

$= 930$

이다.

07 정답 148

[그림 : 이정배T]

[검토자 : 오정화T]

곡선 $y = \log_a(x-1) - 1$을 x축의 방향으로 -1만큼, y축의 방향으로 1만큼 평행이동한 그래프는 $y = \log_2 x$이다. 두 $y = a^x$와 $y = \log_a x$는 역함수 관계이므로 직선 $y = x$에 대칭이다.

두 직선 $y = -x + k$와 $y = -x + \frac{10}{3}k$이 곡선 $y = \log_a(x-1) - 1$와 만나는 두 점 B와 D를 x축의 방향으로 -1만큼, y축의 방향으로 1만큼 평행이동한 점을 B′, D′라 할 때, 점 B′는 직선 $y = -x + k$위의 점이고 점 A의 $y = x$에 대칭인 점이다. $\overline{BB'} = \sqrt{2}$이므로 $\overline{AB'} = \frac{\sqrt{2}}{3}k$이다.

마찬가지로 $\overline{CD'} = 2\sqrt{2}k$이다.

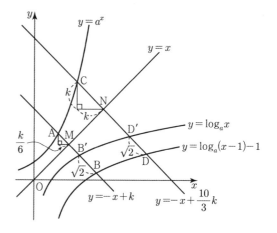

선분 AB′의 중점을 M이라 할 때, 점 M은 $y = x$와 $y = -x + k$가 만나는 점이므로 M$\left(\frac{k}{2}, \frac{k}{2} \right)$이다.

$\overline{AM} = \frac{1}{2} \times \overline{AB'} = \frac{\sqrt{2}}{6}k$

따라서 점 A$\left(\frac{k}{2} - \frac{k}{6}, \frac{k}{2} + \frac{k}{6} \right) = $ A$\left(\frac{k}{3}, \frac{2k}{3} \right)$

점 A가 곡선 $y = a^x$위에 있으므로 $a^{\frac{k}{3}} = \frac{2k}{3}$ $\cdots\cdots$ ㉠

선분 CD′의 중점을 N이라 할 때, 점 N은 $y = x$와 $y = -x + \frac{10k}{3}$가 만나는 점이므로 N$\left(\frac{5k}{3}, \frac{5k}{3} \right)$이다.

$\overline{CN} = \frac{1}{2} \times \overline{CD'} = \sqrt{2}k$

따라서 점 C$\left(\frac{5k}{3} - k, \frac{5k}{3} + k \right) = $ C$\left(\frac{2k}{3}, \frac{8k}{3} \right)$

점 C가 곡선 $y = a^x$위에 있으므로 $a^{\frac{2k}{3}} = \frac{8k}{3}$ $\cdots\cdots$ ㉡

㉠, ㉡에서 $\left(\frac{2k}{3} \right)^2 = \frac{8k}{3}$

$\therefore k = 6 \ (\because k > a + 1 > 2)$

따라서 점 A$(2, 4)$, C$(4, 16)$이다.

$\overline{AC}^2 = 2^2 + 12^2 = 148$이다.

08 정답 21

$\overline{PA}=\overline{AB}=\overline{BC}$ 이므로

$A\left(\alpha,\,2\log_2(-\alpha+k)\right)$, $B\left(2,\,2\log_2(2\alpha-k)\right)$

, $C\left(3,\,2\log_2(3\alpha-k)\right)$

라 놓을수 있다.

직선 $y=x+m$의 기울기는 1이므로 AB기울기 $=$ BC기울기 $=1$ 임을 이용해서

$$1=\frac{2\log_2(2\alpha-k)-2\log_2(-\alpha+k)}{\alpha}$$

, $1=\dfrac{2\log_2(3\alpha-k)-2\log_2(2\alpha-k)}{\alpha}$ 과

$(2\alpha-k)^2=(-\alpha+k)(3\alpha-k)$를 얻고

$7\alpha^2-8k\alpha+2k^2=0$ 에서 $\dfrac{\alpha}{k}=t$라 놓으면 진수조건에

의해서 $\dfrac{1}{2}<t<1$이고

$t=\dfrac{4+\sqrt{2}}{7}=\dfrac{\alpha}{k}$ 이다.

그리고 $1=\dfrac{2\log_2(2\alpha-k)-2\log_2(-\alpha+k)}{\alpha}$ 에서

$\alpha=2\log_2\dfrac{2\alpha-k}{-\alpha+k}=2\log_2\dfrac{2t-1}{-t+1}$

$=2\log_2\dfrac{1+2\sqrt{2}}{3-\sqrt{2}}=2\log_2(1+\sqrt{2})$이다.

$\therefore\ k=\dfrac{\alpha}{t}=2\log_2(1+\sqrt{2})\times\dfrac{7}{4+\sqrt{2}}$

$=(4-\sqrt{2})\log_2(1+\sqrt{2})=(4-\sqrt{2})\log_2(p+q\sqrt{2})$

$\therefore\ 20p+q=21$

09 정답 353

[그림 : 이정배T]

사각형 OACB는 평행사변형이므로 직선 AC와 직선 OB의 기울기가 같고 직선 BC와 직선 OA의 기울기가 같다.

따라서 두 직선 AC의 기울기와 직선 BC의 기울기의 곱이 1이므로 두 직선 OB의 기울기와 직선 OA의 기울기의 곱이 1이다.

점 A의 좌표를 $(t,\,\log_a t)$라 하자.

직선 OA의 기울기와 직선 OB의 기울기의 곱이 1이므로 두 직선 OA, OB는 직선 $y=x$에 대하여 대칭이고, 점 $A(t,\,\log_a t)$를 직선 $y=x$에 대하여 대칭이동한 점은 $A'(\log_a t,\,t)$이다.

$4\overline{OA}=\overline{OB}$에서 $\overline{OB}=4\overline{OA'}$이므로 점 B의 좌표는 $(4\log_a t,\,4t)$이다.

점 B는 $y=(\sqrt{a})^x$ 위의 점이므로

$4t=a^{\frac{1}{2}(4\log_a t)}$

$4t=t^2$

$\therefore\ t=4$이다.

따라서

$A(4,\,\log_a 4)$, $B(4\log_a 4,\,16)$이고 점 C는 평행사변형의 성질에 의해 점 B를 x축의 방향으로 4만큼, y축의 방향으로 $\log_a 4$만큼 평행이동한 점이다. 따라서 점 C의 x좌표는 점 A의 x좌표와 점 B의 x좌표의 합과 같다.

$4+4\log_a 4=8$

$\log_a 4=1$

$\therefore\ a=4$이다.

따라서 $A(4,\,1)$, $B(4,\,16)$이므로 $C(8,\,17)$이다.

$\therefore\ \overline{OC}=l=\sqrt{8^2+17^2}=\sqrt{353}$

따라서 $l^2=353$

10 정답 12

$\log_\alpha n$이 자연수이므로 $n=\alpha^k$ (k는 자연수), $\log_\alpha a$이 정수이므로 $a=\alpha^t$ (t는 정수)라 할 수 있다.

(나)에서 $\dfrac{\log_\beta(n\times a^3)}{\log_\beta a}=\log_a(n\times a^3)=\log_a n+3=\dfrac{k}{t}+3$

의 값이 자연수이므로 t는 k의 약수이면서 $\dfrac{k}{t}\ \geq\ -2$이어야 한다.

[랑데뷰팁]

예를 들어 $k=12$이면

t는 k의 양의 약수 1, 2, 3, 4, 6, 12 모두 가능하고

-12, -6까지 가능하다.

따라서 만족하는 t의 개수가 8이 된다.

$f(n)=10$이므로 만족하는 t의 개수가 10이 되기 위해서는 k의 양의 약수의 개수가 8개이고 그 값이 짝수여야 한다.

따라서 양의 약수의 개수가 8인 최소의 수는 24이므로 $k=24$이면

t는 k의 양의 약수 1, 2, 3, 4, 6, 8, 12, 24 모두 가능하고

-24, -12까지 가능하다. 따라서 만족하는 t의 개수가 10이므로 $f(n)=10$을 만족한다.

n의 최솟값 $m=\alpha^{24}$

$\log_\beta m=\log_{\alpha^2}\alpha^{24}=12$

11 정답 10

$A=\{3,\,3^2,\,3^3,\,3^4,\,\cdots\}$에서 $3\leq a\leq 100$이므로 a는 3, 3^2, 3^3, 3^4이 가능하다.

$\dfrac{1}{n}\log_3 x=\log_{3^n}x$이므로 $B_n=\{3^n,\,3^{2n},\,3^{3n},\,\cdots\}$에서

$3\leq b\leq 1000$이므로 b는 3, 3^2, 3^3, 3^4, 3^5, $3^6=729$이 가능하다.

(i) $n=1$일 때, $B_1=\{3, 3^2, 3^3, \cdots\}$이므로 b는 3, 3^2, 3^3, 3^4, 3^5, 3^6이다.

㉠ $a=3$이면 $\log_3 3=1$, $\log_3 3^2=2$, $\cdots$, $\log_3 3^6=6$ ⇨ 6개

㉡ $a=3^2$이면 $\log_{3^2} 3^2=1$, $\log_{3^2} 3^4=2$, $\log_{3^2} 3^6=3$ ⇨ 3개

㉢ $a=3^3$이면 $\log_{3^3} 3^3=1$, $\log_{3^3} 3^6=2$ ⇨ 2개

$\cdots$

으로 순서쌍 (a, b)의 개수는 3개를 넘게 된다.

(ii) $n=2$일 때, $B_2=\{3^2, 3^4, 3^6, \cdots\}$이므로 b는 3^2, 3^4, 3^6이다.

㉠ $a=3$이면 $\log_3 3^2=2$, $\log_3 3^4=4$, $\log_3 3^6=6$ ⇨ 3개

㉡ $a=3^2$이면 $\log_{3^2} 3^2=1$, $\log_{3^2} 3^4=2$, $\log_{3^2} 3^6=3$ ⇨ 3개

㉢ $a=3^3$이면 $\log_{3^3} 3^6=2$ ⇨ 1개

㉣ $a=3^4$이면 $\log_{3^4} 3^4=1$ ⇨ 1개

으로 순서쌍 (a, b)의 개수는 $3+3+1+1=8$이다.

(iii) $n=3$일 때, $B_3=\{3^3, 3^6, 3^9, \cdots\}$이므로 b는 3^3, 3^6이다.

㉠ $a=3$이면 $\log_3 3^3=3$, $\log_3 3^6=6$ ⇨ 2개

㉡ $a=3^2$이면 $\log_{3^2} 3^6=3$ ⇨ 1개

㉢ $a=3^3$이면 $\log_{3^3} 3^3=1$, $\log_{3^3} 3^6=2$ ⇨ 2개

㉣ $a=3^4$이면 존재하지 않는다. ⇨ 0개

으로 순서쌍 (a, b)의 개수는 $2+1+2+0=5$이다.

(iv) $n=4$일 때, $B_3=\{3^4, 3^8, 3^{12}, \cdots\}$이므로 b는 3^4이다.

㉠ $a=3$이면 $\log_3 3^4=4$ ⇨ 1개

㉡ $a=3^2$이면 $\log_{3^2} 3^4=2$ ⇨ 1개

㉢ $a=3^3$이면 존재하지 않는다. ⇨ 0개

㉣ $a=3^4$이면 $\log_{3^4} 3^4=1$ ⇨ 1개

으로 순서쌍 (a, b)의 개수는 $1+1+0+1=3$이다.

(v) $n=5$일 때, $B_5=\{3^5, 3^{10}, 3^{15}, \cdots\}$이므로 b는 3^5이다.

㉠ $a=3$이면 $\log_3 3^5=5$ ⇨ 1개

㉡ $a=3^2$이면 존재하지 않는다. ⇨ 0개

㉢ $a=3^3$이면 존재하지 않는다. ⇨ 0개

㉣ $a=3^4$이면 존재하지 않는다. ⇨ 0개

으로 순서쌍 (a, b)의 개수는 1개다.

(vi) $n=6$일 때, $B_6=\{3^6, 3^{12}, 3^{18}, \cdots\}$이므로 b는 3^6이다.

㉠ $a=3$이면 $\log_3 3^6=6$ ⇨ 1개

㉡ $a=3^2$이면 $\log_{3^2} 3^6=3$ ⇨ 1개

㉢ $a=3^3$이면 $\log_{3^3} 3^6=2$ ⇨ 1개

㉣ $a=3^4$이면 존재하지 않는다. ⇨ 0개

으로 순서쌍 (a, b)의 개수는 3개다.

$n \geq 7$일 때는 b의 값이 존재하지 않는다.

따라서 $n=4$, $n=6$일 때
a, b의 순서쌍 (a, b)의 개수가 3이므로
모든 n의 합은 $4+6=10$이다.

12 정답 ⑤

$g(t)$는 방정식의 해이므로 $|g(t)|>1$을 만족하기 위해서는
$x<-1$ 또는 $x>1$인 영역에 $g(t)$가 위치해야 한다.
$y=\log_2(x+k)$의 점근선은 $x=-k$이다.

(i) $k>0$이면
점근선 $x=-k$의 $-k<0$에서 $g(t)<-k<0$이므로
다음 그림과 같이 $f(-1)>0$일 때 $g(t)<-1$이므로
$|g(t)|>1$을 만족한다.

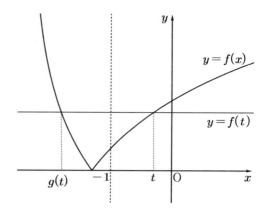

$f(-1)=\log_2(-1+k)>0$ ⇨ $-1+k>1$

$\therefore k>2$

(ii) $k<0$이면
점근선 $x=-k$의 $-k>0$에서 $g(t)>-k>0$이므로
다음 그림과 같이 $k \leq -1$이면 $g(t)>1$이므로
$|g(t)|>1$을 만족한다.

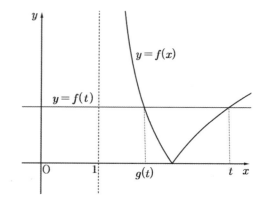

$\therefore k \leq -1$

(i), (ii)에서 $k \leq -1$, $k>2$

[랑데뷰팁]
$k=-1$일 때, $f(x)=\left|\log_2(x-1)\right|$의 그래프는 $x=1$이
점근선이 되어 $f(x)=f(t)$의 가장 작은 해 $g(t)$가 1보다
크므로 조건을 만족한다.

13 정답 23

$\overline{PQ}=n$,

$\overline{RQ}=\log_2(2^t+n)-t$

$\overline{RS}=n$

$\overline{PQ}+\overline{RQ}+\overline{RS}=2n+\log_2(2^t+n)-t \geq 40$

$\overline{RQ}=\log_2(2^t+n)-t$의 값은 t가 커질수록 작아지므로 $t=0$일

때를 생각해보면

$n=17$일 때, $34+\log_2 18$에서 $\log_2 18 < 5$이고

$34+\log_2 18 < 40$이므로

$t>0$일 경우에는 $n \leq 17$일 때,

$2n+\log_2(2^t+n)-t < 40$이다.

$n=18$일 때, $36+\log_2(2^t+18)-t > 36+\log_2(t+18)-t$

$(\because 2^t > t)$

1보다 작은 양수 t에 대하여

$36+\log_2(t+18)-t > 36+\log_2 19-t$

$\log_2 19-t = 4+\log_2\dfrac{19}{16}-t$이므로 $0<t<\log_2\dfrac{19}{16}<1$인

적당한 t의 값에 대하여

$36+\log_2 19-t > 40$이다. 그러므로

$36+\log_2(2^t+18)-t > 40$이다.

따라서 $2n+\log_2(2+n) \geq 40$을 만족하는 n의 최솟값은

$n=18$일 때다.

그러므로 $t>0$일 때

$\overline{PQ}+\overline{RQ}+\overline{RS}=2n+\log_2(2^t+n)-t \geq 40$

을 만족하는 n의 값은 $18 \leq n \leq 40$이다.

따라서 n의 개수는 23이다.

14 정답 261

$f(2)=4 > g(2)=0$

$f(3)=2 < g(3)=8$

이므로 $y=f(x)$와 $y=g(x)$의 교점의 x좌표를 α라 하면

$2<\alpha<3$이다.

두 곡선 $y=f(x)$와 $y=g(x)$ 및 두 직선 $x=-4$, $x=101$

로 둘러싸인 영역에서 경계를 제외하므로

(i) $x<\alpha$일 때, $f(x)-g(x)=5\times 2^{4-x}-16$이므로 격자점의

개수는

$\displaystyle\sum_{x=-3}^{2}\left(5\times 2^{4-x}-17\right)=1158$

(ii) $x>\alpha$일 때, 격자점의 개수는

$x=3$일 때 $f(3)=2$, $g(3)=8$이므로 격자점의 개수는

$8-2-1=5$

$x=4$일 때 $f(4)=1$, $g(4)=12$이므로 격자점의 개수는

$12-1-1=10$

$x=5$일 때 $f(5)=\dfrac{1}{2}<1$, $g(5)=14$이므로 격자점의 개수는

$14-1=13$

$x=6$일 때 $f(6)=\dfrac{1}{4}<1$, $g(6)=15$이므로 격자점의 개수는

$15-1=14$

$x=7$부터 $x=100$까지의 격자점의 개수는 15개다.

따라서 $5+10+13+14+15\times 94=1452$

그러므로 (i), (ii)에서 $n=1158+1452=2610$

$\dfrac{n}{10}=261$

15 정답 ①

$\max\{x,y\}=\begin{cases} x & (x \geq y) \\ y & (x < y)\end{cases}$ 의 정의에 의해

$\max\{|x-a|,|y-b|\}=\begin{cases} |x-a| & (|x-a| \geq |y-b|) \\ |y-b| & (|x-a|<|y-b|)\end{cases}$

(i) 다음 그림과 같이 점 $(a+1, b-1)$은 곡선 $y=2^x$보다

위쪽에 있고 점 $(a+2, b-2)$는 곡선 $y=2^x$보다 아래쪽에

위치하면 조건 (나), (다)를 만족한다.

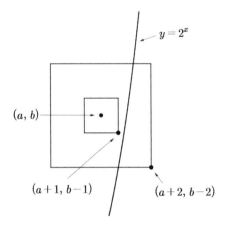

$2^{a+1} < b-1 \rightarrow 2^{a+1}+1 < b$

$b-2 \leq 2^{a+2} \rightarrow b \leq 2^{a+2}+2$

따라서 $2^{a+1}+1 < b \leq 2^{a+2}+2$이다.

㉠ $a=1$일 때 $5<b \leq 10$으로 5개

㉡ $a=2$일 때 $9<b \leq 18$으로 9개

㉢ $a=3$일 때 $17<b \leq 34$으로 17개

㉣ $a=4$일 때 $33<b \leq 66$으로 33개

㉤ $a=5$일 때 $65<b \leq 100$으로 35개

따라서 $5+9+17+33+35=99$개

(ii) 다음 그림과 같이 점 $(a-1, b+1)$은 곡선 $y=2^x$보다

아래쪽에 있고 점 $(a-2, b+2)$은 곡선 $y=2^x$ 보다 위쪽에 위치하면 조건 (나), (다)를 만족한다.

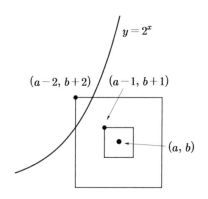

$2^{a-1} > b+1 \rightarrow 2^{a-1}-1 > b$

$b+2 \geq 2^{a-2} \rightarrow b \geq 2^{a-2}-2$

따라서 $2^{a-2}-2 \leq b < 2^{a-1}-1$이다.

㉠ $a=1$일 때 $-\dfrac{3}{2} \leq b < 0$으로 0개

㉡ $a=2$일 때 $-1 \leq b < 1$으로 0개

㉢ $a=3$일 때 $0 \leq b < 3$으로 2개

㉣ $a=4$일 때 $2 \leq b < 7$으로 5개

㉤ $a=5$일 때 $6 \leq b < 15$으로 9개

따라서 $0+0+2+5+9=16$개

(i) (ii)에서 $99+16=115$

16 정답 ④

k는 자연수이므로

$k=1$일 때, $g_1(x)=\begin{cases} f(x) & (1 \leq x < 2) \\ -f(x-1)+1 & (2 \leq x < 3) \end{cases}$

$k=2$일 때, $g_2(x)=\begin{cases} f(x-1)-1 & (3 \leq x < 5) \\ -f(x-3)+2 & (5 \leq x < 7) \end{cases}$

$k=3$일 때, $g_3(x)=\begin{cases} f(x-3)-2 & (7 \leq x < 11) \\ -f(x-7)+3 & (11 \leq x < 15) \end{cases}$

$k=4$일 때, $g_4(x)=\begin{cases} f(x-7)-3 & (15 \leq x < 23) \\ -f(x-15)+4 & (23 \leq x < 31) \end{cases}$

$\vdots \qquad\qquad \vdots$

$f(x)=\log_2 x$이고 $g_k(x)$는 $f(x)$를 대칭이동과 평행이동을 이용하여 만든 함수이다.

그러므로 넓이를 구할 부분들을 회전시키거나 평행이동해서 합쳤을 때 사각형모양이 되는지 확인하도록 하자.

우선 $1 \leq x < 3$에서 $f(x)$와 $-f(x-1)+1$을 비교하기 위해 $y=f(x)$와 $y=-f(x-1)+1$ 의 그래프를 좌표평면에 그리면 다음과 같다.

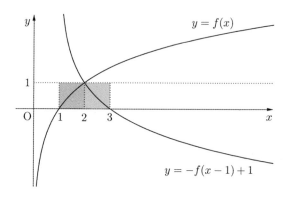

그림에서와 같이 푸른색 영역을 시계 반대방향으로 90°돌리면 붉은색 영역이 된다는 것을 알 수 있다. 그러므로 $1 \leq x < 3$에서 $g(x)$와 x축으로 둘러싸인 부분의 넓이는 1이 된다.

마찬가지 방법으로 주어진 정의역에서 $g_k(x)$를 그리면 다음과 같다.

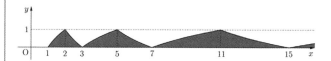

그림에서 $1 \leq x < 2$와 $2 \leq x < 3$에서 $g_1(x)$과 x축으로 둘러싸인 부분은 합쳤을 때 사각형 모양이 되고, $3 \leq x < 5$와 $5 \leq x < 7$에서 $g_2(x)$과 x축으로 둘러싸인 부분 역시 합쳤을 때 사각형 모양이 된다. 그러므로 다음 그림과 같이 생각해 볼 수 있다.

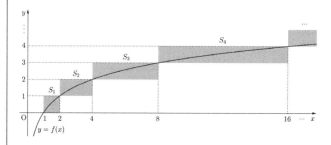

따라서

$S_1=1$, $S_2=2$, $S_3=4$, $S_4=8$, $\cdots$으로 등비수열을 이룬다.

$\therefore \displaystyle\sum_{k=1}^{n} S_k = 2^n - 1$

따라서 $2^{10}=1024$이므로 $2^n-1 > 1000$ 만족하는 최소 자연수는 $n=10$이다.

17 정답 ④

$A(a, -3^a)$라 하면 점 C는 OA를 $1:2$으로 내분하는 점이므로 $C\left(\dfrac{a}{3}, -3^{a-1}\right)$

점 C가 곡선 $y=\log_3 x$위의 점이므로

$-3^{a-1}=\log_3\left(\dfrac{a}{3}\right)\Rightarrow a=1$

$y=-3^{x-1}$, $y=\log_3\left(\dfrac{x}{3}\right)$의 교점이 1개만 존재하고 교점의

x좌표는 1이다.

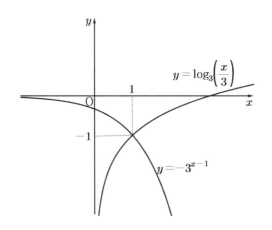

따라서 $A(1,\,-3)$, $C\left(\dfrac{1}{3},\,-1\right)$이다.

같은 방법으로

$B\left(b,\,-3^b\right)$라 하면 D는 BO를 $4:3$으로 외분하는 점이므로

$D\left(-3b,\,3^{b+1}\right)$이다.

점 D가 곡선 $y=\log_3 x$위의 점이므로

$3^{b+1}=\log_3(-3b)\Rightarrow b=-1$

따라서 $B\left(-1,\,-\dfrac{1}{3}\right)$, $D(3,\,1)$이다.

아래의 $y=3^{x+1}$, $y=\log_3(-3x)$ 그래프에서 교점이 1개만

존재하고 교점의 x좌표는 -1이다.

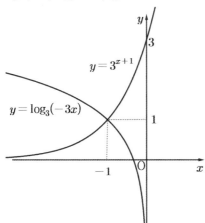

따라서 삼각형 ABD의 넓이는

$=\dfrac{1}{2}\begin{vmatrix} 3 & 1 & -1 & 3 \\ 1 & -3 & -\dfrac{1}{3} & 1 \end{vmatrix}$

$=\dfrac{1}{2}\left|\left(-9-\dfrac{1}{3}-1\right)-(1+3-1)\right|$

$=\dfrac{20}{3}$

18 정답 ④

[출제자 : 정일권T]

[그림 : 이정배T]

$g(k)$를 만족하는 x의 개수는 $f^{-1}(k)<x<f^{-1}(k+1)$을

만족하는 정수의 개수이다. 한편, $\displaystyle\sum_{k=1}^{14}g(k)$의 의미를 해석해

보면 k값에 따른 $g(k)$값을 하나하나 계산하기 보다는 합의

전체 의미를 알아보면 x의 값이

$f^{-1}(1)<x<f^{-1}(15)\;\rightarrow\;3^{\frac{1}{3}}<x<3^{\frac{14+1}{3}}$을 만족하는

정수의 개수에서 k값에 따른 경계점이 정수가 되는 x의 값만

빼면 된다는 것을 알 수 있다.

즉, $f^{-1}(k)=3^{\frac{k}{3}}$, $f^{-1}(k+1)=3^{\frac{k+1}{3}}$ 이 정수인 경우 제외

따라서, $1<3^{\frac{1}{3}}<2$, $3^{\frac{14+1}{3}}=3^5=243$이므로

$2\le x<243$에서 $k=2,3,\,5,6,\,8,9,\,11,12$일 때 정수 x값만

빼면 된다.

k가 2, 3일 때는 $f^{-1}(2+1)=3^{\frac{2+1}{3}}=3$, $f^{-1}(3)=3^{\frac{3}{3}}=3$으로

중복

k가 5, 6일 때

k가 8, 9일 때

k가 10, 11일 때 마찬가지로 중복된다.

따라서 $241-4=237$이다.

19 정답 ④

점 B는 두 곡선 $y=\dfrac{16}{15}\left(\dfrac{1}{2}\right)^x-\dfrac{34}{15}$, $y=2^x-6$의 교점이므로

$\dfrac{16}{15}\left(\dfrac{1}{2}\right)^x-\dfrac{34}{15}=2^x-6$

$16\times 2^{-x}-34=15\times 2^x-90$

$15\times 2^x-56-16\times 2^{-x}=0$

$2^x=t\,(t>0)$라 두고 정리하면

$15t^2-56t-16=0\Rightarrow(t-4)(15t+4)=0$에서 $t=4$

따라서 $x=2$

그러므로 $B(2,\,-2)$이다.

ㄱ. $A(-2,\,2)$와 $B(2,\,-2)$를 지나는 직선은 $y=-x$이다. (참)

ㄴ. $y=\log_2(x+6)$, $y=2^x-6$은 역함수 관계이므로 점 C는

$y=x$위의 점이다.

따라서 $x<y\le\log_2(x+6)$, $y\ge\dfrac{16}{15}\left(\dfrac{1}{2}\right)^x-\dfrac{34}{15}$에 속하는

격자점의 개수의 2배와 $y=x$위의 격자점의 개수의 합이 색칠된

부분의 격자점의 개수이다.

$f(x)=\dfrac{16}{15}\left(\dfrac{1}{2}\right)^x-\dfrac{34}{15}$라 할 때, $f(-1)=-\dfrac{2}{15}<0$이므로

$(-1,\,0)$이 포함된다.

$g(x)=\log_2(x+6)$라 할 때, $g(3)>3$, $g(4)<4$이므로

$y=\log_2(x+6)$와 $y=x$의 교점 $(t,\,t)$라 할 때, $3<t<4$이다.

또한 $2 < g(-1) < 3$, $2 < g(0) < 3$, $2 < g(1) < 3$,

$g(2) = 3$이므로 다음 그림과 같이 $y \geq \dfrac{16}{15}\left(\dfrac{1}{2}\right)^x - \dfrac{34}{15}$,

$x < y \leq \log_2(x+6)$에 속하는

격자점의 개수는 8이다.

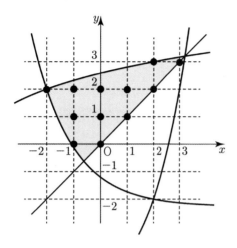

$y = x$ 위의 점은 $(0, 0)$, $(1, 1)$, $(2, 2)$, $(3, 3)$으로 4개다.

따라서 그림의 색칠된 부분의 격자점의 개수는

$8 \times 2 + 4 = 20$이다.(거짓)

ㄷ. 선분 AB위에 원점 O가 있고 $\overline{AB} \perp \overline{OC}$이므로

$S = \dfrac{1}{2} \times \overline{AB} \times \overline{OC}$이다.

$\overline{AB} = \sqrt{4^2 + 4^2} = 4\sqrt{2}$이고 $C(t, t)$라 할 때 $\overline{OC} = t\sqrt{2}$이다.

따라서 $S = 4t$

$y = 2^x - 6$과

$y = x$에서 $h(x) = x - (2^x - 6) = (x+6) - 2^x$라 할 때 색칠된

부분은 $h(x) > 0$에 속한다.

$h\left(\dfrac{7}{2}\right) = \dfrac{19}{2} - 2^{\frac{7}{2}}$에서 $19 < 2^{\frac{9}{2}}$이므로 $h\left(\dfrac{7}{2}\right) < 0$이다.

따라서 $\dfrac{7}{2} < 2^{\frac{7}{2}} - 6$이므로 $t < \dfrac{7}{2}$이다.

따라서 $3 < t < \dfrac{7}{2}$이므로

$12 < S = 4t < 14$이다.

[랑데뷰팁]-Pick's Theorem ⇨ 랑데뷰세미나

세미나(103)참고

픽(George Pick)은 격자평면에서 모든 꼭짓점이 격자점

위에 놓인 다각형과 이의 넓이와의 관계를 발견하여 다음

식을 증명하였다.

$S = \alpha + \dfrac{\beta}{2} - 1$

(S:다각형의 넓이, α:내부의 격자점의 개수, β:경계 위의

격자점의 개수)

ㄴ.을 이용하여 ㄷ.에 적용해보면

점 C 바로 아래에 점 D$(3, 3)$라 하고

$\triangle$ABD 의 넓이를 S'라 하면 $S' < S$이다.

S'의 넓이를 픽의 정리로 구해보자.

α(내부의 격자점의 개수) : 10

β(경계 위의 격자점의 개수) : 6

따라서 $S' = 10 + \dfrac{6}{2} - 1 = 12$

점 C 바로 위의 점 E$(4, 4)$라 하고 A$(-2, 2)$,

B$(2, -2)$인 $\triangle$ABE의 넓이를 S''라 하면 $S < S''$이다.

S''의 넓이를 픽의 정리로 구해보자.

α(내부의 격자점의 개수) : 13

α(경계 위의 격자점의 개수) : 8

따라서 $S'' = 13 + \dfrac{8}{2} - 1 = 16$

$12 < S < 16$임을 알 수 있다.

20 정답 ②

[그림 : 최성훈T]

$f(x) = 2^{-x} + a$라 하고 그 역함수를 $g(x)$라 하면

$g(x) = -\log_2(x - a)$이다.

함수 $f(x)$와 그 역함수 $g(x)$는 모두 감소함수이다.

함수 $f(x)$가 C$(5, 4)$를 지날 때, 그 역함수 $g(x)$는 $(4, 5)$를

지나고 감소하므로 삼각형 ABC의 변을 지나게 된다. a의

최댓값은 $f(5) = 4$를 만족하는 a의 값이다.

$4 = 2^{-5} + a$

$M = 4 - \dfrac{1}{32} = \dfrac{127}{32}$

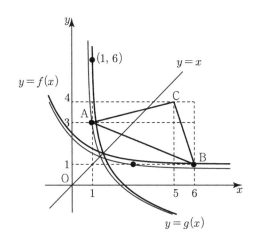

a의 최솟값은 $f(x)$가 B$(6, 1)$을 지날 때와 $g(x)$가 A$(1, 3)$을 지날 때를 비교하면 된다.

함수 $f(x)$가 B$(6, 1)$을 지나면 함수 $g(x)$가 $(1, 6)$을 지나게 되고 감소함수이므로 A$(1, 3)$의 오른쪽 부분을 지나므로 조건을 만족한다.

함수 $g(x)$가 A$(1, 3)$을 지나면 함수 $f(x)$가 $(3, 1)$을 지나고 함수 $f(x)$가 감소함수이므로 B$(6, 1)$의 아래쪽을 지나게 되어 함수 $f(x)$는 삼각형 ABC의 세 변을 지나지 않게 된다.

따라서

a의 최솟값은 $f(6) = 1$을 만족할 때다.

$1 = 2^{-6} + a$

$a = 1 - \dfrac{1}{64}$

$m = \dfrac{63}{64}$

$M + m = \dfrac{127}{32} + \dfrac{63}{64} = \dfrac{317}{64}$

[랑데뷰팁] – 그림 설명

$y = f(x)$가 B$(6, 1)$을 지날 때,

$f(x) = 2^{-x} + \dfrac{63}{64}$, $g(x) = -\log_2\left(x - \dfrac{63}{64}\right)$이고 두 그래프는 삼각형과 만난다.

$y = g(x)$가 A$(1, 3)$을 지날 때, $f(x) = 2^{-x} + \dfrac{7}{8}$,

$g(x) = -\log_2\left(x - \dfrac{7}{8}\right)$이고 함수 $y = f(x)$는 삼각형과 만나지 않는다.

---

21 정답 52

[그림 : 최성훈T]

A$(1, 0)$, B$(a, 1)$, C$(a+1, 0)$, D$(0, a+1)$이므로

$\triangle$ABD $= \dfrac{1}{2}a^2$, $\triangle$ABC $= \dfrac{1}{2}a$이다.

삼각형 ABD의 넓이가 삼각형 ABC의 넓이의 2배이므로

$\dfrac{1}{2}a^2 = 2 \times \dfrac{1}{2}a$

$\therefore\ a = 2$

따라서 $y = \log_2 x$의 그래프 위의 점 B$(2, 1)$이다.

직선 l의 방정식은 $y = -x + 3$이므로 C$(3, 0)$, D$(0, 3)$이다.

(가)조건에서 $f(x)$는 밑이 2인 로그함수임을 알 수 있고 (나)조건의 C, D를 지나므로 감소함수이어야 한다. 따라서 $y = f(x)$는 $y = \log_2(-x)$ 또는 $y = -\log_2 x$를 평행이동 한 그래프이다.

그런데 $f(1) < 2$을 만족하는 그래프는 아래로 볼록으로 감소하므로 $y = f(x)$는 $y = -\log_2 x$를 평행이동 한 그래프임을 알 수 있다.

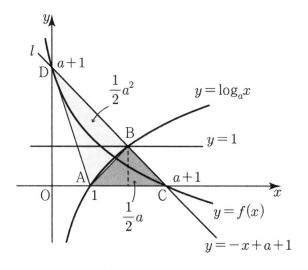

따라서 $f(x) = -\log_2(x + m) + n$라 하자.

$f(0) = 3$, $f(3) = 0$이므로

$f(0) = -\log_2 m + n = 3$, $f(3) = -\log(3 + m) + n = 0$

$\log_2(3 + m) - \log_2 m = 3$에서

$\dfrac{3 + m}{m} = 8$

$3 + m = 8m$

$\therefore\ m = \dfrac{3}{7}$

따라서 $n = 3 + \log_2 \dfrac{3}{7} = \log_2 \dfrac{24}{7}$

그러므로 $f(x) = -\log_2\left(x + \dfrac{3}{7}\right) + \log_2 \dfrac{24}{7}$

$f(\alpha) = -1$이므로 $-1 = -\log_2\left(\alpha + \dfrac{3}{7}\right) + \log_2 \dfrac{24}{7}$에서

$\log_2\left(\alpha + \dfrac{3}{7}\right) = 1 + \log_2 \dfrac{24}{7} = \log_2 \dfrac{48}{7}$

$\alpha + \dfrac{3}{7} = \dfrac{48}{7}$

$\therefore\ \alpha = \dfrac{45}{7}$

$p = 7$, $q = 45$이므로 $p + q = 52$이다.

22 정답 ④

$y=\log_2(x+1)$의 $(1, 0)$에 대칭인 함수는
$-y=\log_2(3-x)$이다.

따라서 $\log_2(x+1)=\log_2\left(\dfrac{1}{3-x}\right)$의 두 근이

α, β이다.

$(x+1)(3-x)=1 \rightarrow x^2-2x-2=0$에서

$\alpha+\beta=2$, $\alpha\beta=-2$

$\therefore \ \alpha^2+\beta^2=(\alpha+\beta)^2-2\alpha\beta=8$

[랑데뷰팁]

곡선 $y=\log_2(x+1)$과 직선 l로 둘러싸인 도형은 다음과
같다.

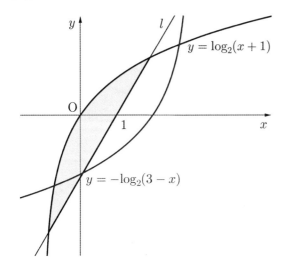

$y=\log_2(x+1)$의 $(1, 0)$에 대칭인 곡선과 넓이 관계는
다음과 같다.

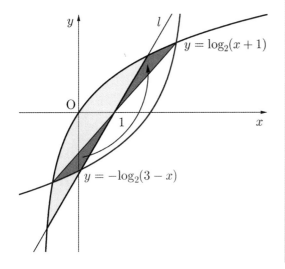

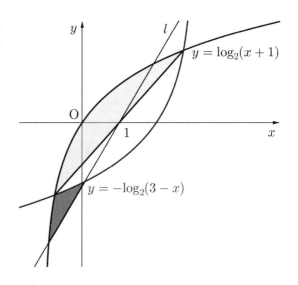

따라서 $y=\log_2(x+1)$과 $(1, 0)$을 지나는 직선의 최소
넓이는 다음 그림과 같이
$y=\log_2(x+1)$의 $(1, 0)$에 대칭인 곡선의 두 교점을
직선 l이 지날 때이다.

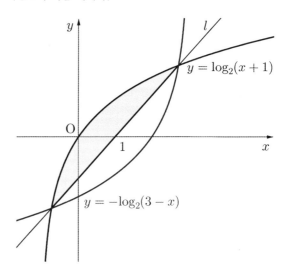

▷ 만약 한 점 A에 대칭인 두 곡선이 두 점에서 만나면 두
점을 연결한 현은 한 곡선과 점 A를 지나는 직선으로
둘러싼 활꼴 모양의 넓이가 최소일 때의 직선의 일부가
된다.
(수학강사연구모임 **쒸니** 선생님 아이디어)

$(1, 0)$을 지나고 기울기가 m_1, m_2 $(m_1 < m_2)$인 두 직선과 $y = \log_2(x+1)$으로 둘러싸인 부분의 넓이를 생각해 보자.

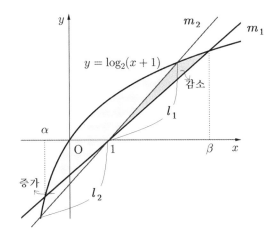

기울기가 m_2인 직선이 $y = \log_2(x+1)$과 만나는 점 중 x좌표가 양수인 점과 $(1, 0)$사이 거리를 l_1이라 하고 x좌표가 음수인 점과 $(1, 0)$사이 거리를 l_2이라 하자.
기울기가 m_1인 직선을 기준으로 l_1은 기울기가 커질수록 작아지고 l_2는 기울기가 커질수록 커진다.
l_1과 l_2는 넓이의 변화율을 나타내므로 $l_1 = l_2$일 때 넓이가 최소가 된다.
[랑데뷰세미나(100) 넓이의 변화율 참고]

즉, $(\alpha, f(\alpha))$, $(\beta, (f(\beta)))$의 중점이 $(1, 0)$이 될 때 최소가 된다.
따라서 $\beta = 2 - \alpha$
$\log_2(\alpha+1) + \log_2(\beta+1)$
$= \log_2(\alpha+1) + \log(3-\alpha) = 0$
에서 $(\alpha+1)(3-\alpha) = -\alpha^2 + 2\alpha + 3 = 1$
$\alpha^2 - 2\alpha - 2 = 0$
$\alpha = 2 - \beta$을 대입하면
$\beta^2 - 2\beta - 2 = 0$이다.
그러므로
$x^2 - 2x - 2 = 0$의 두 근이 α, β이다.
$\alpha + \beta = 2$, $\alpha\beta = -2$
$\therefore \ \alpha^2 + \beta^2 = (\alpha+\beta)^2 - 2\alpha\beta = 8$

23 정답 71

$\log_2(x-1) - \log_4\left(x - \log_3\sqrt{n}\right) = 1$에서

로그의 진수 조건에서 $x > 1$이고 $x > \dfrac{1}{2}\log_3 n$이어야 한다.

$n = 9$일 때, $\dfrac{1}{2}\log_3 9 = 1$이므로

$1 \le n \le 9$일 때, $x > 1$이고 $n \ge 10$일 때,

$x > \dfrac{1}{2}\log_3 n$이다. $\cdots\bigcirc$

한편, 방정식을 정리하면

$\log_2(x-1) = \log_4\left(x - \dfrac{1}{2}\log_3 n\right) + 1$

$\log_4(x-1)^2 = \log_4(4x - 2\log_3 n)$

$(x-1)^2 = 4x - 2\log_3 n$

$x^2 - 6x + 1 = -2\log_3 n$

$f(x) = x^2 - 6x + 1 = (x-3)^2 - 8$이라 하면 방정식의 실근의 개수는

$x > 1$이고 $x > \dfrac{1}{2}\log_3 n$일 때 곡선 $y = f(x)$와 직선

$y = -2\log_3 n$의 교점의 개수와 같다.

(i) $1 \le n \le 9$일 때,

$\bigcirc$에서 $x > 1$이고 곡선 $y = f(x)$와 직선 $y = -2\log_3 n$의 교점의 개수가 2이기 위해서는
$f(1) = -4$이므로 $-8 < -2\log_3 n < -4$이어야 한다.

$2 < \log_3 n < 4$

$9 < n < 81$

따라서 모순이다.

(ii) $n \ge 10$일 때,

$\bigcirc$에서 $x > \dfrac{1}{2}\log_3 n$이고 곡선 $y = f(x)$와 직선 $y = -2\log_3 n$의

교점의 개수가 2이기 위해서는

$f\left(\dfrac{1}{2}\log_3 n\right) = \left(\dfrac{\log_3 n}{2} - 3\right)^2 - 8$이므로

$-8 < -2\log_3 n < \left(\dfrac{\log_3 n}{2} - 3\right)^2 - 8$이어야 한다.

$-\dfrac{1}{2}\left(\dfrac{\log_3 n}{2} - 3\right)^2 + 4 < \log_3 n < 4$

부등식을 풀면

$\log_3 n < 4$에서 $n < 3^4 = 81$

$-\dfrac{1}{2}\left(\dfrac{\log_3 n}{2} - 3\right)^2 + 4 < \log_3 n$에서

$-\dfrac{1}{8}(\log_3 n)^2 + \dfrac{3}{2}\log_3 n - \dfrac{1}{2} < \log_3 n$

$(\log_3 n)^2 - 4\log_3 n + 4 > 0$에서 항상 성립한다.

그러므로

$10 \le n < 81$

(i), (ii)에서 자연수 n의 개수는 71이다.

24 정답 29

$f(x) = a^{x+2} + b$의 점근선은 $y = b$이므로 점 P의 좌표는
$(0, b)$이다.
$P(0, b)$, $A(2, 1)$에서 점 A는 점 P를 x축으로 2만큼, y축으로 $1 - b$만큼 평행이동한 점이다.

(가)에서 삼각형 APQ는 직각이등변삼각형이므로
점 Q는 점 A를 x축으로 $b-1$만큼, y축으로 2만큼 평행이동한
점이어야 한다.
따라서 점 Q$(b+1, 3)$이다.
(나)에서 직각삼각형의 외접원의 중심은 빗변의 중점에 위치하고
그 점이 $y=-x$위에 있으므로 P$(0, b)$와 Q$(b+1, 3)$의 중점
$\left(\dfrac{b+1}{2}, \dfrac{b+3}{2}\right)$는 $y=-x$위에 있다.

따라서 $\dfrac{b+3}{2}=-\dfrac{b+1}{2}$에서 $b=-2$

그러므로 $f(x)=a^{x+2}-2$이고 점 Q$(-1, 3)$이 곡선
$y=f(x)$위에 있으므로
$3=a^{-1+2}-2$에서
$a=5$이다.
따라서 $a^2+b^2=25+4=29$이다.

25 정답 15

$f(x)=\log_a(x+b)$의 점근선은 $x=-b$이므로 점 P의 좌표는
$(-b, 0)$이다.
P$(-b, 0)$, A$(3, -2)$에서
점 A는 점 P를 x축으로 $3+b$만큼, y축으로 -2만큼
평행이동한 점이다.
(가)에서 삼각형 APQ는 직각이등변삼각형이므로
$y=-2$과 $x=-b$와의 교점을 P$'$라 하고 점 Q를 지나고 x축에
수직인 직선이 $y=-2$과 만나는 점을 Q$'$라 하면
△PAP$' \equiv$ △QAQ$'$이다.

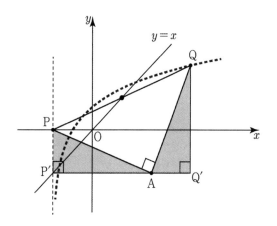

따라서 점 Q는 점 A$(3, -2)$를 x축으로 2만큼, y축으로
$3+b$만큼 평행이동한 점이어야 한다. 그러므로 점
Q$(5, 1+b)$이다.
(나)에서 직각삼각형의 외접원의 중심은 빗변의 중점에 위치하고
그 점이 $y=x$위에 있으므로 P$(-b, 0)$와 Q$(5, 1+b)$의 중점
$\left(\dfrac{-b+5}{2}, \dfrac{b+1}{2}\right)$는 $y=x$위에 있다.

따라서 $\dfrac{b+1}{2}=\dfrac{-b+5}{2}$에서 $b=2$

그러므로 $f(x)=\log_a(x+2)$이고 점 Q$(5, 3)$이 곡선
$y=f(x)$위에 있으므로

$3=\log_a 7$에서 $a^3=7$이다.
$a^3+b^3=7+8=15$

26 정답 ①

[그림 : 최성훈T]

직선 $y=k$가 두 곡선 $y=2^{x+1}$, $y=2^{3x+2}$와 만나는 점의
x좌표를 구해보자.
$2^{x+1}=k$, $x+1=\log_2 k$
$\therefore x=-1+\log_2 k$
$2^{3x+2}=k$, $3x+2=\log_2 k$
$\therefore x=\dfrac{-2+\log_2 k}{3}$
따라서
$\overline{\text{AB}}=\dfrac{-2+\log_2 k}{3}-(-1+\log_2 k)$

$=\dfrac{1-2\log_2 k}{3}$

직선 $y=k+a$가 두 곡선 $y=2^{x+1}$, $y=2^{3x+2}$와 만나는
교점을 구해보자.
$2^{x+1}=k+a$, $x+1=\log_2(k+a)$
$\therefore x=-1+\log_2(k+a)$
$2^{3x+2}=k+a$, $3x+2=\log_2(k+a)$
$\therefore x=\dfrac{-2+\log_2(k+a)}{3}$
따라서
$\overline{\text{CD}}=\{-1+\log_2(k+a)\}-\left\{\dfrac{-2+\log_2(k+a)}{3}\right\}$

$=\dfrac{-1+2\log_2(k+a)}{3}$

$\overline{\text{AB}}=\overline{\text{CD}}$이므로
$1-2\log_2 k=-1+2\log_2(k+a)$
$2\log_2(k^2+ak)=2$
$\log_2(k^2+ak)=1$
$k^2+ak=2$
따라서 $a=\dfrac{2}{k}-k$

$f(k)=\dfrac{2}{k}-k$

$f(1)=1$, $f\left(\dfrac{1}{2}\right)=\dfrac{7}{2}$, $f\left(\dfrac{1}{4}\right)=\dfrac{31}{4}$

$f(1)\times f\left(\dfrac{1}{2}\right)\times f\left(\dfrac{1}{4}\right)=\dfrac{217}{8}$

27 정답 13

k는 자연수이다.

m	$f(m)$	$f(m)f(n)$
1	0	모순
3	1	$\log \sqrt{n}$ 가 자연수 $\sqrt{n} = 2^k$꼴 $n = 2^{2k}$로 n는 자연수로 모순
3^2	2	$\log n$가 자연수 $n = 2^k$꼴로 n는 자연수로 모순
3^3	3	$\log n^{\frac{3}{2}}$ 가 자연수 $n^{\frac{3}{2}} = 2^k$꼴 $n = 2^{\frac{2k}{3}}$ 꼴 $2^{\frac{2}{3}}, 2^{\frac{4}{3}}, 2^{\frac{8}{3}}, 2^{\frac{10}{3}}, 2^{\frac{14}{3}}, 2^{\frac{16}{3}}$ 으로 6개 $2^{\frac{20}{3}} > 100$
3^4	4	$\log n^2$가 자연수 $n^2 = 2^k$꼴 $n = 2^{\frac{k}{2}}$ 꼴 $2^{\frac{1}{2}}, 2^{\frac{3}{2}}, 2^{\frac{5}{2}}, 2^{\frac{7}{2}}, 2^{\frac{9}{2}}, 2^{\frac{11}{2}}, 2^{\frac{13}{2}}$ 으로 7개 $2^{\frac{15}{2}} > 100$

따라서
순서쌍 (m, n)의 개수는 $6 + 7 = 13$이다.

28 정답 21

[그림 : 최성훈T]

함수 $f(x)$의 그래프와 함수 $g(x)$의 그래프가 서로 다른 두 점에서 만날 때, 두 점의 x좌표를 각각 a, b $(a > b)$라 하자. 함수 $f(x)$는 증가함수이므로 만족하는 a, b는 $a > 0$, $b < 0$이

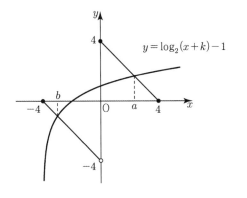

$a > 0$이므로 $f(4) \geq 0$

$b < 0$이므로 $f(-4) \leq 0$

또한 교점의 개수가 2이기 위해서는

$-4 < f(0) \leq 4$이다.

(i) $f(4) \geq 0$에서 $\log_2(4+k) - 1 \geq 0$

$\log_2(4+k) \geq 1$

$4 + k \geq 2$

$\therefore k \geq -2$

(ii) $f(-4) \leq 0$에서 $\log_2(-4+k) - 1 \leq 0$

$\log_2(-4+k) \leq 1$

$-4 + k \leq 2$

$\therefore k \leq 6$

(ii) $-4 < f(0) \leq 4$에서 $-4 < \log_2 k - 1 \leq 4$

$-3 < \log_2 k \leq 5$

$\frac{1}{8} < k \leq 32$

$\therefore \frac{1}{8} < k \leq 32$

(i), (ii), (iii)에서

$\frac{1}{8} < k \leq 6$

따라서 가능한 정수 k의 합은

$1 + 2 + 3 + 4 + 5 + 6 = 21$

이다.

29 정답 25

수열 $\{a_n\}$은 첫째항이 $\frac{1}{9}$이고 공비가 $3^{\frac{2}{3}}$이므로

$a_n = \frac{1}{9} \times \left(3^{\frac{2}{3}}\right)^{n-1} = 3^{-2} \times 3^{\frac{2n-2}{3}} = 3^{\frac{2n-8}{3}}$

$\log 1 = 0$, $\log 10 = 1$이므로

(i) $a_n = 3^{\frac{2n-8}{3}} \geq 1$인 n의 값의 범위는

$3^{\frac{2n-8}{3}} \geq 3^0$에서 $2n - 8 \geq 0$, $n \geq 4$

즉, $a_3 < 1$, $a_4 \geq 1$

(ii) $a_n = 3^{\frac{2n-8}{3}} \geq 10$인 n의 값의 범위는

$3^{2n-8} \geq 10^3$에서

$n = 7$이면 $3^{2 \times 7 - 8} = 3^6 = 729$,

$n = 8$이면 $3^8 = 6561$이므로

$n \geq 8$

즉, $a_7 < 10$, $a_8 > 10$

수열 $\{a_n\}$은 증가하는 수열이므로

$a_1 = \frac{1}{9} < a_2 < a_3 < a_4 = 1 < a_5 < a_6$

$< a_7 < 10 < a_8 < a_9 < \cdots$

$\log a_n$의 정수부분이 b_n이므로

$b_1 = b_2 = b_3 = -1$

$b_4 = b_5 = b_6 = b_7 = 0$

$b_8 = 1$이고 $n \geq 8$일 때 $b_n \geq 1$

따라서

$n = 3$일 때, $\displaystyle\sum_{k=1}^{3} b_k = \sum_{k=1}^{3} (-1) = -3$

$n = 4$일 때, $\displaystyle\sum_{k=1}^{4} b_k = -3 + 0 = -3$

$n = 5$일 때, $\displaystyle\sum_{k=1}^{5} b_k = -3 + 0 + 0 = -3$

$n = 6$일 때, $\displaystyle\sum_{k=1}^{6} b_k = -3 + 0 + 0 + 0 = -3$

$n = 7$일 때, $\displaystyle\sum_{k=1}^{7} b_k = -3 + 0 + 0 + 0 + 0 = -3$

$n = 8$일 때, $\displaystyle\sum_{k=1}^{8} b_k = -3 + 0 + 0 + 0 + 0 + 1 = -2$

$\displaystyle\sum_{k=1}^{n} b_k = -3$을 만족하는 n은 3, 4, 5, 6, 7이므로 구하는 값은

$3 + 4 + 5 + 6 + 7 = 25$

30 정답 404

$\log x = n + f(x)$ (단, n은 정수, $0 \leq f(x) < 1$)

이므로 $f(x) = \log x - n$에서 $x \geq \dfrac{1}{100}$을

$\dfrac{1}{100} \leq x < \dfrac{1}{10}$, $\dfrac{1}{10} \leq x < 1$, $1 \leq x < 10$, $\cdots$

으로 나눌 때 정수 n이 결정되므로 $y = -18f(x)$의 그래프 개형을 파악할 수 있다.

또한 $(a-22)^2 + b^2$은 a-b평면에서 $(22, 0)$과 (a, b)의 $\sqrt{}$ 거리를 나타내므로 그래프를 그려서 $(22, 0)$에 가까운 곳을 조사해 보자.

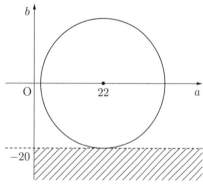

(i) $\dfrac{1}{100} \leq x < \dfrac{1}{10}$에서 $y = -18f(x)$와 $g(x) = ax + b$의 그래프가 한 점에서만 만나기 위한 상황은 다음과 같다.

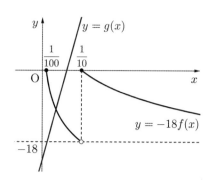

$g\left(\dfrac{1}{100}\right) \leq 0$, $g\left(\dfrac{1}{10}\right) > 0$이므로

$b \leq -\dfrac{1}{100}a$, $b > -\dfrac{1}{10}a$ → 두 직선 $b = -\dfrac{1}{100}a$,

$b = -\dfrac{1}{10}a$와 $b = -20$의 교점은

각각 $(2000, -20)$, $(300, -20)$이므로 $(a-22)^2 + b^2$의 최솟값과는 거리가 멀다.

(값을 계산하기 전에 (ii)을 알아본 뒤 내린 결정)

(ii) $\alpha \geq -1$인 정수 α에 대하여 $10^\alpha \leq x < 10^{\alpha+1}$에서 $y = -18f(x)$와 $g(x) = ax + b$의 그래프가 한 점에서만 만나기 위한 상황은 다음과 같다.

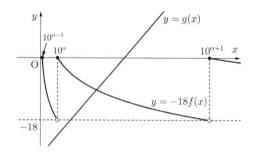

$g(10^\alpha) \leq -18$, $g(10^{\alpha+1}) > 0$이므로

$b \leq -10^\alpha a - 18$, $b > -10^{\alpha+1}a$ → 두 직선 $b = -10^\alpha a$,

$b = -10^{\alpha+1}a$의 교점은 $\left(\dfrac{2}{10^\alpha}, -20\right)$이므로

$(a-22)^2 + b^2$의 $(22, 0)$과 가장 가까울 때는 $\alpha = -1$인 $(20, -20)$일 때다.

따라서 $b = -\dfrac{1}{10}a - 18$와 $(22, 0)$의 거리의 제곱값이 $(a-22)^2 + b^2$의 최솟값이다.

즉, $x + 10y + 180 = 0$과 $(22, 0)$의 거리를 d라 할 때

$\therefore d^2 = \left(\dfrac{|22 + 180|}{\sqrt{1^2 + 10^2}}\right)^2 = \dfrac{202^2}{101} = 404$

그러므로 $(a-22)^2 + b^2$의 최솟값은 404이다.

[다른 풀이]-김은수T

점 $(22, 0)$와 $(20, -20)$을 지나는 직선의 거리의 최솟값은 두 점 $(22, 0)$와 $(20, -20)$사이의 거리이므로

$(a-22)^2 + b^2 \geq (22-20)^2 + 20^2 = 404$

[랑데뷰세미나 세미나(18)참고]

31 정답 156

A$(1, 0)$, B$(2k-1, 0)$이므로 $\overline{AB} = 2k-2$

따라서 직각삼각형의 빗변의 길이가 $2k-2$이다.

두 곡선 $y = \log_a x$, $y = \log_a(2k-x)$은 $x = k$에 대칭이므로

꼭짓점 C에서 $\overline{AB}$에 내린 수선의 발을 H라 하면

$\overline{AH} = \overline{CH} = \dfrac{2k-2}{2} = k-1$

따라서 꼭짓점 C의 좌표는 $(k, k-1)$이다. $\cdots\cdots$ ㉠

꼭짓점의 좌표가 A$(1, 0)$, B$(2k-1, 0)$, C$(k, k-1)$인 직각이등변 삼각형 ABC의 내부의 격자점중 y좌표 q의 값으로 가능한 수는 1부터 $k-2$까지 이다.

(i) $q = 1$일 때,

$y = 1$가 변 AC와 만나는 점의 좌표는 $(2, 1)$, 변 BC와 만나는 점의 좌표는 $(2k-2, 1)$

따라서 p의 값으로 가능한 자연수는 3부터 $2k-3$까지이다.

$\therefore$ $2k-5$개

(ii) $q = 2$일 때,

$y = 2$가 변 AC와 만나는 점의 좌표는 $(3, 2)$, 변 BC와 만나는 점의 좌표는 $(2k-3, 2)$

따라서 p의 값으로 가능한 자연수는 4부터 $2k-4$까지이다.

$\therefore$ $2k-7$개

$\vdots$ $\qquad$ $\vdots$

(k-2) $q = k-2$일 때

$y = k-2$가 변 AC와 만나는 점의 좌표는 $(k-1, k-2)$, 변 BC와 만나는 점의 좌표는 $(k+1, k-2)$

따라서 p의 값으로 가능한 자연수는 k뿐이다.

$\therefore$ 1개

(i)~(k-2)에서 격자점 (p, q)의 개수는 첫째항이 1, 항수가 $k-2$, 끝항이 $2k-5$인 등차수열의 합을 나타내므로

$\dfrac{(k-2)\{1+(2k-5)\}}{2} = (k-2)^2$이다.

$(k-2)^2 = 100$에서 $k = 12$이다.

한편, ㉠에서 $(k, k-1) = (12, 11)$이 $y = \log_a x$위의 점이므로

$11 = \log_a 12$

$a^{11} = 12$

$\therefore$ $a^{22} = 144$

$a^{22} + k = 144 + 12 = 156$

32 정답 (1) ③ (2) 10

[그림 : 최성훈T]

$y = -x+k+10$은 $y = -x+k$을 y축의 방향으로 10만큼 평행이동 한 그래프이므로 A$(a, 2^a)$라 할 때, 점 A는

$y = -x+k$위의 점이므로 $2^a = -a+k$에서 $k = a+2^a$

점 A를 y축의 방향으로 10만큼 평행이동 한 점 A$'(a, 2^a+10)$이고 A$'$는 직선 $y = -x+k+10$위에 있다.

따라서 삼각형 ABA$'$는 직각이등변삼각형이므로 점 B의 좌표는 $(a+5, 2^a+5)$이다.

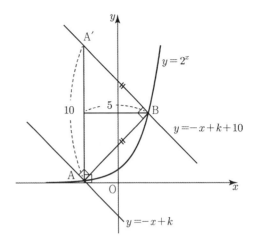

점 B는 $y = 2^x$위에 있으므로 $2^a+5 = 2^{a+5}$에서

$31 \times 2^a = 5$, $\therefore$ $2^a = \dfrac{5}{31}$, $a = \log_2\left(\dfrac{5}{31}\right)$이다.

따라서 $k = a+2^a = \dfrac{5}{31} + \log_2\left(\dfrac{5}{31}\right)$

$\therefore$ $\alpha = \dfrac{5}{31}$

[랑데뷰팁]

$y = -x+k+10$은 $y = -x+k$을 x축의 방향으로 10만큼 평행이동 한 그래프로 봐도 동일한 결과를 얻을 수 있다.

(2) $y = -x+k+6$은 $y = -x+k$을 x축의 방향으로 6만큼 평행이동 한 그래프이므로 A$(a, \log_2 a)$라 할 때, 점 A는 $y = -x+k$위의 점이므로 $\log_2 a = -a+k$에서

$k = a+\log_2 a \cdots$ ㉠

점 A를 x축의 방향으로 6만큼 평행이동 한 점 A$'(a+6, \log_2 a)$이고 A$'$는 직선 $y = -x+k+6$위에 있다. 따라서 삼각형 ABA$'$는 직각이등변삼각형이므로 점 B의 좌표는 $(a+3, \log_2 a+3)$이다.

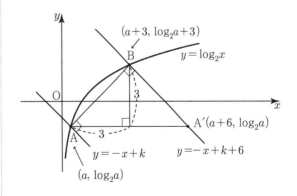

점 B는 $y = \log_2 x$위에 있으므로

$\log_2 a+3 = \log_2(a+3)$에서

$$\log_2\left(1+\frac{3}{a}\right)=3$$

$$1+\frac{3}{a}=8$$

$$\frac{3}{a}=7$$

$$a=\frac{3}{7}$$ 이다.

㉠에서 $k=a+\log_2 a=\frac{3}{7}+\log_2\frac{3}{7}$

따라서 $\alpha=\frac{3}{7}$ 이다.

$p=7$, $q=3$이므로 $p+q=10$이다.

[랑데뷰팁]

$y=-x+k+10$은 $y=-x+k$을 y축의 방향으로 10만큼 평행이동 한 그래프로 봐도 동일한 결과를 얻을 수 있다.

---

33 정답 2

함수 $f(x)$는 $x=-2$와 $x=2$에서 극솟값 0을 갖고, $x=0$에서 극댓값 1을 갖는 함수이다.

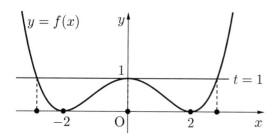

$f(x)=t$라 두면 $t=a^t-1$에서 $a\neq 0$이므로 a에 관계없이 $t=0$의 해를 갖는다.

$f(x)=0$의 해의 개수는 2개다.

해의 총 개수 5개 중 나머지 3개가 나오는 경우는 t가 $f(x)$의 극댓값 1이 되는 경우다.

따라서 $1=a^1-1$에서 $a=2$이다.

[다른 풀이]-장정보T

y축 대칭인 함수 $f(x)$에 대하여 함수 $g(x)=a^{f(x)}-1$이라 하면
$f(-x)=f(x)$이므로

$g(-x)=a^{f(-x)}-1=a^{f(x)}-1=g(x)$로 함수 $g(x)$도 y축 대칭함수이다.

따라서 $f(x)=g(x)$의 교점은 y축을 기준으로 좌우 대칭으로 나타나므로

짝수개가 존재한다.

따라서 $f(x)=a^{f(x)}-1$의 해가 5개로 홀수개이므로 $f(x)$의 $(0, 1)$이 교점에 포함되야 한다.

그러므로 $f(0)=a^{f(0)}-1$에서

$$1=a^1-1$$

$$\therefore\ a=2$$

34 정답 ①

$$3^{2x}=\left(\frac{625}{9}\right)^y=25$$

$$25^{\frac{1}{x}}=3^2 \Rightarrow 5^{\frac{1}{x}}=3$$

$$25^{\frac{1}{y}}=\left(\frac{25}{3}\right)^2 \Rightarrow 5^{\frac{1}{y}}=\frac{25}{3}$$

$$5^{\frac{1}{x}+\frac{1}{y}}=25$$

$$5^{\frac{1}{x}-\frac{1}{y}}=\frac{9}{25}$$

$$\left(5^{\frac{1}{x}+\frac{1}{y}}\right)^{\frac{1}{x}-\frac{1}{y}}=25^{\frac{1}{x}-\frac{1}{y}}=\left(5^{\frac{1}{x}-\frac{1}{y}}\right)^2=\left(\frac{9}{25}\right)^2$$

$$5^{\frac{1}{x^2}-\frac{1}{y^2}}=\frac{81}{625}$$

$$5^{\frac{y^2-x^2}{x^2y^2}}=5^{\frac{(y-x)(y+x)}{x^2y^2}}=5^{-\frac{(x-y)(x+y)}{x^2y^2}}=\frac{81}{625}$$

$$5^{\frac{(x-y)(x+y)}{x^2y^2}}=\frac{625}{81}$$

$$5^{\frac{(x-y)(x+y)}{4x^2y^2}}=\frac{5}{3}$$

35 정답 21

$$2^x+2^{-x}\geq 2\sqrt{2^x\cdot\frac{1}{2^x}}=2$$

$$2^x+2^{-x}=t로\ 놓으면\ t\geq 2$$

$$4^x+4^{-x}-n(2^{x+1}+2^{-x+1})+4k^2+2$$

$$=(2^x+2^{-x})^2-2-2n(2^x+2^{-x})+4k^2+2$$

$$=t^2-2nt+4k^2$$

$f(t)=t^2-2nt+4k^2$라 두자.

방정식 $4^x+4^{-x}-n(2^{x+1}+2^{-x+1})+4k^2+2=0$이 4개의 실근을 가지려면 $t>2$인 범위에서 방정식 $f(t)=0$의 서로 다른 두 실근이 존재해야한다. → [$y=2^x+2^{-x}$와 $y=a$ $(a>2)$는 항상 두 점에서 만난다.]

(i) 이차함수 $f(t)$의 대칭축 $t=n>2$

$\therefore\ n>2$

(ii) 판별식 $\frac{D}{4}=n^2-4k^2>0$

$\therefore\ n>2k$ ($\because\ n$은 자연수)

(iii) $f(2)=4-4n+4k^2>0$

$\therefore\ n<k^2+1$

(i), (ii), (iii)에 의하여 $2k < n < k^2 + 1 \cdots \bigcirc$

$k=1$ 일 때 $2 < n < 2$ $\therefore\ a_1 = 0$
$k=2$ 일 때 $4 < n < 5$ $\therefore\ a_2 = 0$
$k=3$ 일 때 $6 < n < 10$ $\therefore\ a_3 = 3$
$k=4$ 일 때 $8 < n < 17$ $\therefore\ a_4 = 8$
$k=5$ 일 때 $10 < n \leq 20$ $\therefore\ a_5 = 10$

$$\sum_{k=1}^{5} a_k = 0 + 0 + 3 + 8 + 10 = 21$$

[랑데뷰팁]

$\bigcirc$에서 $a_k = (k^2 + 1) - (2k) - 1 = k^2 - 2k$

$\therefore\ a_k = k(k-2)$

$a_1 = -1 \Rightarrow a_1 = 0$

$a_2 = 0$

$a_3 = 3$

$a_4 = 8$

$a_5 = 10$

삼각함수

36 정답 ①

[그림 : 이정배T]

곡선 $y = a \sin \dfrac{\pi x}{2k}$ 은 주기가 $2\pi \times \dfrac{2k}{\pi} = 4k$ 이고 최댓값이 a,

최솟값이 $-a$인 곡선이다.

$y = |x - 2k| - k = \begin{cases} -x + k & (x \leq 2k) \\ x - 3k & (x > 2k) \end{cases}$ 에서

점 A의 x좌표를 α라 하면 점 A는 직선 $y = -x + k$ 위의
점이므로 $A(\alpha, -\alpha + k)$ 이고

점 B의 x좌표를 β라 하면 점 B는 직선 $y = x - 3k$ 위의
점이므로 $B(\beta, \beta - 3k)$ 이다.

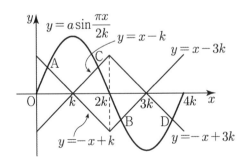

두 점 A, B의 중점의 x좌표가 4이므로 $\dfrac{\alpha + \beta}{2} = 4$

$\therefore\ \alpha + \beta = 8 \cdots\cdots \bigcirc$

대칭성 성질에 의해 점 A의 y좌표와 점 B의 y좌표는 절댓값이

같고 부호가 다르다.

$\rightarrow$ 그림과 같이 $0 \leq x \leq 2k$에서 $y = a \sin \dfrac{\pi x}{2k}$ 와

$y = -x + k$의 두 그래프를 동시에 x축 대칭이동한 후 x축의
방향으로 $2k$만큼 평행이동시키면 그림과 같이 점 A가 점
A_1으로 점 A이 점 A_2로 옮겨진다. 이때, $A_2 = B$이다.

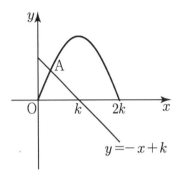

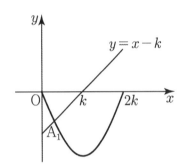

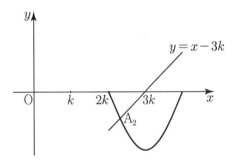

따라서 점 A의 y좌표와 점 B의 y좌표는 절댓값이 같고 부호가
반대이다.

$-\alpha + k = -(\beta - 3k)$

$-\alpha + \beta = 2k \cdots\cdots \bigcirc$

$\bigcirc$, $\bigcirc$에서

$\therefore\ \alpha + k = 4 \cdots\cdots \bigcirc$

대칭성 성질에 의해 점 A와 점 C는 $x = k$에 대칭이고 점 B와
점 D는 $x = 3k$에 대칭이다.

$\rightarrow$ 위와 같은 방법으로 $0 \leq x \leq k$에서 $y = a \sin \dfrac{\pi x}{2k}$ 와

$y = -x + k$의 두 그래프를 동시에 $x = k$에 대칭이동하면 점
A가 점 C로 옮겨진다.

따라서 $C(2k - \alpha, -\alpha + k)$

그러므로 사각형 ABDC는 평행사변형이고

$\overline{\text{AC}} = 2(k-\alpha)$

점 A와 점 B의 y좌표의 차가 $2(k-\alpha)$이므로

평행사변형 ABDC의 넓이는 $2(k-\alpha) \times 2(k-\alpha) = 16$

$\therefore\ k-\alpha = 2 \cdots\cdots$ ㉣

㉢, ㉣에서 $k=3$, $\alpha=1$이다.

따라서 점 $A(1, 2)$이고 점 A가 곡선 $y = a\sin\dfrac{\pi x}{6}$ 위에

있으므로 $a = 4$이다.

그러므로 $a \times k = 4 \times 3 = 12$이다.

37 정답 120

(나)조건에서 육각형 ABCDEF의 각 변의 길이를

$\overline{\text{AB}} = x$, $\overline{\text{DE}} = x+3$, $\overline{\text{EF}} = y$, $\overline{\text{BC}} = y+3$, $\overline{\text{CD}} = z$,

$\overline{\text{AF}} = z+3$

라 하자.

$\overline{\text{AB}} // \overline{\text{ED}}$와 평행하며 점 F를 지나는 직선과 $\overline{\text{AF}} // \overline{\text{CD}}$와

평행하며 점 B를 지나는 직선이 만나는 점을 R, $\overline{\text{BC}} // \overline{\text{EF}}$와

평행하며 점 D를 지나는 직선과 $\overline{\text{BR}}$의 교점을 P, $\overline{\text{PD}}$와 직선

FR 만나는 점을 Q라 하자.

이때, 사각형 ABRF, 사각형 BCDP, 사각형 FQDE은

평행사변형이고 각 변의 길이를 표시하면 $\overline{\text{PR}} = \overline{\text{PQ}} = \overline{\text{QR}} = 3$이

된다.

따라서 삼각형 PQR은 정삼각형이다.

그러므로 $\angle \text{BPQ} = \angle \text{FQD} = \angle \text{BRF} = \dfrac{2\pi}{3}$이고

평행사변형의 대각의 크기가 같으므로

$\angle \text{BCD} = \angle \text{DEF} = \angle \text{FAB} = \dfrac{2\pi}{3}$이고 이웃한 두 각의

크기의 합은 π이므로

$\angle \text{ABP} = \angle \text{PBC} = \angle \text{CDQ} = \angle \text{QDE} = \angle \text{EFR} = \angle \text{RFA} = \dfrac{\pi}{3}$

이다.

$\angle \text{A} = \angle \text{B} = \angle \text{C} = \angle \text{D} = \angle \text{E} = \angle \text{F} = \dfrac{2\pi}{3}$이다.

육각형의 내각의 크기는 모두 같음을 알 수 있다.

문제에서 각 변의 길이가 자연수이고 육각형의 둘레가 최소일

때는 (다)조건에 의하여 $x=1$, $y=3$, $z=2$이다.

삼각형 ACE의 넓이를 구하기 위해 선분 $\overline{\text{BC}}$, $\overline{\text{AF}}$를 연장하여

만나는 교점을 G, 선분 $\overline{\text{BC}}$, $\overline{\text{DE}}$를 연장하여 만나는 교점을 H,

선분 $\overline{\text{DE}}$, $\overline{\text{AF}}$를 연장하여 만나는 교점을 I라 하자.

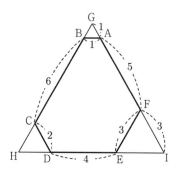

육각형 ABCDEF의 내각의 크기가 모두 $\dfrac{2\pi}{3}$이므로 $\triangle \text{GAB}$,

$\triangle \text{CDH}$, $\triangle \text{FEI}$가 모두 정삼각형이다.

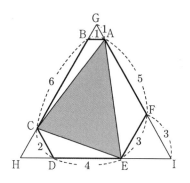

삼각형 ABC에서 코사인법칙을 적용하면

$\overline{\text{AC}}^2 = 6^2 + 1^2 - 2 \times 6 \times 1 \times \cos\dfrac{2\pi}{3}$

$= 36 + 1 + 6 = 43$

삼각형 CDE에서 코사인법칙을 적용하면

$\overline{\text{CE}}^2 = 2^2 + 4^2 - 2 \times 2 \times 4 \times \cos\dfrac{2\pi}{3}$

$= 4 + 16 + 8 = 28$

삼각형 AEF에서 코사인법칙을 적용하면

$\overline{\text{AE}}^2 = 5^2 + 3^2 - 2 \times 5 \times 3 \times \cos\dfrac{2\pi}{3}$

$= 25 + 9 + 15 = 49$

따라서 $\overline{\text{AC}}^2 + \overline{\text{CE}}^2 + \overline{\text{AE}}^2 = 43 + 28 + 49 = 120$이다.

38 정답 ①

[그림 : 서태욱T]

함수 $f(x)$의 최댓값은 $a-b$, 최솟값은 $-a-b$이고 그래프의

주기는 $2\pi \times \dfrac{1}{a\pi} = \dfrac{2}{a}$이다.

$f(x) = a\sin\left\{a\pi\left(x + \dfrac{1}{ab}\right)\right\} + b$에서 함수 $f(x)$의 그래프는

$y = a\sin a\pi x + b$를 x축의 방향으로 $-\dfrac{1}{ab}$만큼 평행이동한

그래프이다.

a, b가 자연수이므로 $-1 < -\dfrac{1}{ab} < 0$에서 아래 그림과 같이

$\dfrac{1}{2a} - \dfrac{1}{ab} > 0$인 경우와 $\dfrac{1}{2a} - \dfrac{1}{ab} \le 0$인 경우로 나눠서 생각해

보자.

(i) $\dfrac{1}{2a}-\dfrac{1}{ab}>0$일 때,

즉, $\dfrac{1}{2a}>\dfrac{1}{ab}$에서 $b>2$이다.

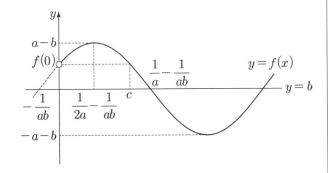

$x=0$과 $x=c$의 중점이 $x=\dfrac{1}{2a}-\dfrac{1}{ab}$이므로 $\dfrac{c}{2}=\dfrac{1}{2a}-\dfrac{1}{ab}$

$c=\dfrac{1}{a}-\dfrac{2}{ab}$ 이다.

$8\times a\times c=a-b$에서

$8a\left(\dfrac{1}{a}-\dfrac{2}{ab}\right)=a-b$

$8-\dfrac{16}{b}=a-b$

$a=8+b-\dfrac{16}{b}$

b가 2보다 큰 자연수이고 a가 자연수이므로 $b=4$, $b=8$, $b=16$이 가능하다.

㉠ $b=4$일 때, $a=8+4-4=8$에서 $a+b=8+4=12$

㉡ $b=8$일 때, $a=8+8-2=14$에서 $a+b=14+8=22$

㉢ $b=16$일 때, $a=8+16-1=23$에서 $a+b=23+16=39$

(ii) $\dfrac{1}{2a}-\dfrac{1}{ab}\le 0$일 때,

즉, $\dfrac{1}{2a}\le\dfrac{1}{ab}$에서 $b\le 2$이다.

㉠ $b=1$일 때, $f(x)=a\sin(a\pi x+\pi)-1=-a\sin(a\pi x)-1$

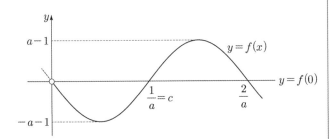

$c=\dfrac{1}{a}$이므로 $8\times a\times\dfrac{1}{a}=a-1$에서 $a=9$

$a+b=9+1=10$

㉡ $b=2$일 때, $f(x)=a\sin\left(a\pi x+\dfrac{\pi}{2}\right)-2=-a\cos(a\pi x)-2$

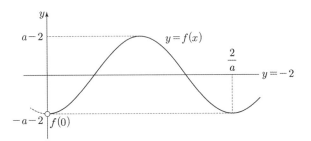

$c=\dfrac{2}{a}$이므로 $8\times a\times\dfrac{2}{a}=a-2$에서 $a=18$

$a+b=18+2=20$

(i), (ii)에서 모든 $a+b$의 합은

$12+22+39+10+20=103$

이다.

39 정답 ⑤

선분 AD가 원 C_2의 지름이므로 $\angle AO_1D=\dfrac{\pi}{2}$이다.

직각삼각형 ADO_1에서 $\angle ADO_1=\theta$라 하면 $\overline{AD}=6$,

$\overline{AO_1}=2$이므로 $\sin\theta=\dfrac{1}{3}$, $\cos\theta=\dfrac{2\sqrt{2}}{3}$이다. …… ㉠

원 C_2에서 호 AO_1에 대한 원주각으로

$\angle ADO_1=\angle ABO_1=\theta$이다.

선분 O_1O_2와 선분 AB가 만나는 점을 H라 하자.

두 원의 중심을 이은 직선은 두 원의 공통현을 수직이등분

하므로 $\angle O_1HB=\dfrac{\pi}{2}$, $\overline{AB}=2\times\overline{BH}$이다.

직각삼각형 O_1BH에서 $\overline{O_1B}=2$이므로 ㉠의 $\cos\theta=\dfrac{2\sqrt{2}}{3}$에서

$\overline{BH}=\dfrac{4\sqrt{2}}{3}$이다.

따라서 $\overline{AB}=\dfrac{8\sqrt{2}}{3}$

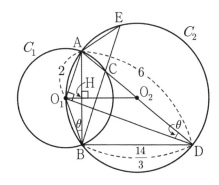

$\angle ABD=\dfrac{\pi}{2}$이므로 직각삼각형 ABD에서 피타고라스 정리를

적용하면

$\overline{BD}=\sqrt{6^2-\left(\dfrac{8\sqrt{2}}{3}\right)^2}=\sqrt{36-\dfrac{128}{9}}=\sqrt{\dfrac{324-128}{9}}$

$$= \sqrt{\frac{196}{9}} = \frac{14}{3}$$

$\overline{AO_1} = \overline{BO_1}$이므로 $\angle ADO_1 = \angle BDO_1 = \theta$이다.

원 C_2에 내접하는 사각형 AO_1BD에서 $\angle ADB = 2\theta$이므로

$\angle AO_1B = \pi - 2\theta$

원 C_1에서 호 AB중 긴 쪽의 원의 중심각

$\angle AO_1B = \pi + 2\theta$이므로 중심각 원주각 성질에 의해

$\angle ACB = \frac{\pi}{2} + \theta$이다.

따라서 $\angle BCD = \frac{\pi}{2} - \theta$이고 삼각형 DBC에서

$\angle CBD = \pi - \left(\frac{\pi}{2} - \theta + 2\theta\right) = \frac{\pi}{2} - \theta$이다.

그러므로 $\overline{BD} = \overline{CD} = \frac{14}{3}$이고 $\overline{AC} = 6 - \frac{14}{3} = \frac{4}{3}$이다.

(삼각형 CBD) $\backsim$ (삼각형 CAE) $(\because AA)$에서

$\overline{BC} : \overline{BD} = \frac{28}{9} : \frac{14}{3} = 2 : 3$이므로

$\overline{AE} = \overline{AC} \times \frac{3}{2} = 2$이다.

그러므로 $\overline{BD} \times \overline{AE} = \frac{14}{3} \times 2 = \frac{28}{3}$

[추가 설명] − 코사인법칙으로 선분 CD길이 구하기

삼각형 ABD에서 $\sin A = \frac{7}{9}$, $\cos D = \frac{7}{9}$이다.

삼각형 ABC에서 사인법칙을 적용하면

$\overline{BC} = 4\sin A = \frac{28}{9}$이다.

삼각형 BCD에서 $\overline{CD} = x$라 하고 코사인법칙을 적용하면

$$\left(\frac{28}{9}\right)^2 = \left(\frac{14}{3}\right)^2 + x^2 - 2 \times \frac{14}{3} \times x \times \cos D$$

$$\frac{784}{81} = \frac{196}{9} + x^2 - \frac{196}{27}x$$

$$x^2 - \frac{196}{27}x + \frac{980}{81} = 0$$

$$81x^2 - 488x + 980 = 0$$

$$(3x - 14)(27x - 70) = 0$$

$$x = \frac{14}{3} \ \left(\because x > \overline{O_2D} = 3\right)$$

40 정답 ④

삼각형 ABC에서 코사인법칙을 적용하면

$$\overline{BC}^2 = 2^2 + 3^2 - 2 \times 2 \times 3 \times \left(-\frac{1}{4}\right)$$

$$= 4 + 9 + 3 = 16$$

$$\therefore \overline{BC} = 4$$

한편, $\sin(\angle BAC) = \frac{\sqrt{15}}{4}$이므로

삼각형 ABC의 넓이는 $\frac{1}{2} \times 2 \times 3 \times \frac{\sqrt{15}}{4} = \frac{3}{4}\sqrt{15}$

사각형 $ABDC$의 넓이는 삼각형 ABC의 넓이와 삼각형 DBC넓이의 합이므로

삼각형 DBC넓이가 최대일 때 사각형 $ABDC$의 넓이가 최대가 된다.

원 O의 반지름의 길이를 R이라 하면 사인법칙에서

$$\frac{\overline{BC}}{\sin(\angle BAC)} = \frac{4}{\frac{\sqrt{15}}{4}} = 2R$$

$$R = \frac{8}{\sqrt{15}}$$

삼각형 DBC에서 $\overline{BC} = 4$이므로 원 위의 점 D에서 선분 BC에 내린 수선의 발을 H라 하면

$$\overline{DH} \leq \frac{2}{\sqrt{15}} + \frac{8}{\sqrt{15}} = \frac{10}{\sqrt{15}} = \frac{2}{3}\sqrt{15}$$이다.

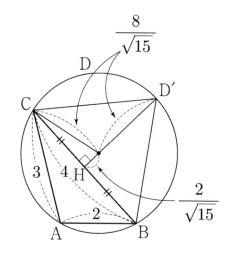

삼각형 DBC 넓이의 최댓값은 $\frac{1}{2} \times 4 \times \frac{2}{3}\sqrt{15} = \frac{4}{3}\sqrt{15}$

그러므로 사각형 $ABDC$ 넓이의 최댓값은

$$\frac{3}{4}\sqrt{15} + \frac{4}{3}\sqrt{15} = \frac{25}{12}\sqrt{15} \ \cdots\cdots \ \bigcirc$$

따라서 사각형 $ABDC$의 넓이가 최대일 때는 D가 D'에 올 때이다.

직각삼각형 $D'HB$에서 피타고라스정리를 적용하면

$$\overline{BD'} = \sqrt{\left(\frac{2}{3}\sqrt{15}\right)^2 + 2^2} = \sqrt{\frac{20}{3} + 4} = \frac{4\sqrt{6}}{3}$$

(삼각형 EAC) $\backsim$ (삼각형 EBD') $(AA$ 닮음$)$

이고 닮음비가 $3 : \frac{4\sqrt{6}}{3} = 9 : 4\sqrt{6}$이다.

따라서 두 삼각형의 넓이비는 $81 : 96 = 27 : 32$이다. $\cdots\cdots \ \bigcirc$

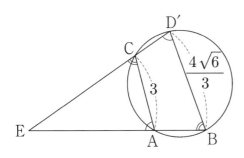

삼각형 EAC의 넓이를 S라 하고 ㉠에서 사각형 ABDC 넓이의

최댓값은 $\frac{25}{12}\sqrt{15}$ 이므로 ㉡에서

$$27 : 32 = S : S + \frac{25}{12}\sqrt{15}$$

$$32S = 27S + \frac{225}{4}\sqrt{15}$$

$$5S = \frac{225}{4}\sqrt{15}$$

$$\therefore\ S = \frac{45}{4}\sqrt{15}$$

41 정답 ⑤

[그림 : 최성훈T]

x에 대한 이차방정식 $(x+\sin\pi t)(x-\cos\pi t)=0$의 해는
$x=-\sin\pi t$ 또는 $x=\cos\pi t$
이다.

$t-x$평면의 $0 \le t \le 2$에서 $x=-\sin\pi t$, $x=\cos\pi t$의
그래프를 그린 뒤 두 곡선 중 x의 값이 크거나 같은 부분이
$\alpha(t)$이고 x의 값이 작거나 같은 부분이 $\beta(t)$이다.
따라서 $x=\alpha(t)$의 그래프와 $x=\beta(t)$의 그래프는 다음과 같다.

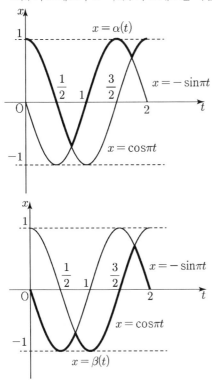

따라서 $\alpha(s)=\beta\left(s+\frac{1}{2}\right)$을 만족시키는 s의 값은

$\frac{3}{4} \le s \le \frac{5}{4}$이다.

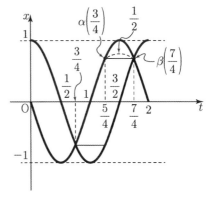

따라서 최댓값과 최솟값의 합은 $\frac{5}{4}+\frac{2}{4}=2$이다.

42 정답 ③

[그림 : 서태욱T]

$\frac{\pi}{a}(x+b)=\theta$라면 $y=\cos\theta$와 $y=\sin 2\theta$의 그래프가

$\theta>0$에서 만나는 점을 A, B, C에 대응한 점을 각각 A′, B′,
C′라 하면

$\cos\theta = \sin\left(\frac{\pi}{2}-\theta\right)$이므로

$\sin 2\theta = \sin\left(\frac{\pi}{2}-\theta\right)$에서 $2\theta = \frac{\pi}{2}-\theta$, $\theta = \frac{\pi}{6}$

$\sin 2\theta = \sin\left(\frac{\pi}{2}+\theta\right)$에서 $2\theta = \frac{\pi}{2}+\theta$, $\theta = \frac{\pi}{2}$

$\sin 2\theta = \sin\left(\frac{5}{2}\pi-\theta\right)$에서 $2\theta = \frac{5}{2}\pi-\theta$, $\theta = \frac{5}{6}\pi$

$\qquad\vdots$

따라서 $\theta = \frac{\pi}{6},\ \frac{\pi}{2},\ \frac{5\pi}{6},\ \cdots$다.

$\sin\left(2 \times \frac{\pi}{6}\right) = \frac{\sqrt{3}}{2}$이므로 점 $\text{A}'\left(\frac{\pi}{6}, \frac{\sqrt{3}}{2}\right)$,

$\text{B}'\left(\frac{5}{6}\pi, -\frac{\sqrt{3}}{2}\right)$, $\text{C}'\left(\frac{\pi}{6}, -\frac{\sqrt{3}}{2}\right)$이다.

그러므로 $\overline{\text{A}'\text{C}'} = \sqrt{3}$이다.

$\overline{\text{AC}} = \overline{\text{A}'\text{C}'}$이므로 $\overline{\text{AC}} = \sqrt{3}$

직각삼각형 ABC에서 $\angle \text{ABC} = \frac{\pi}{3}$이므로 $\overline{\text{BC}} = 1$이다.

$y = \sin\frac{2\pi}{a}(x+b)$의 그래프는 $y=\sin x$의 그래프의 폭을

$\frac{a}{2\pi}$배 그래프이므로 (주기도 $\dfrac{2\pi}{\dfrac{2\pi}{a}} = 2\pi \times \dfrac{a}{2\pi} = a$)

$\overline{\text{B}'\text{C}'} = \frac{5}{6}\pi - \frac{\pi}{6} = \frac{2}{3}\pi$에서 $\overline{\text{BC}} = \frac{a}{2\pi}\left(\frac{5\pi}{6} - \frac{\pi}{6}\right) = \frac{2}{3}a$이다.

$\frac{2}{3}a = 1$에서 $a = \frac{3}{2}$

따라서 $y=\sin\dfrac{2}{3}\pi(x+b)$이고 점 A가 $\left(0, \dfrac{\sqrt{3}}{2}\right)$이므로

$\sin\dfrac{2\pi}{a}b=\sin\dfrac{4\pi}{3}b=\dfrac{\sqrt{3}}{2}$에서 $b=\dfrac{1}{4}$

$\therefore\ a+b=\dfrac{3}{2}+\dfrac{1}{4}=\dfrac{7}{4}$

43 정답 30

[그림 : 도정영T]

[검토자 : 정찬도T]

곡선 $y=f(x)$는 주기가 4이고 $x=1$과 $x=-1$에 선대칭 곡선이다.

점 P의 x좌표를 $p(p>0)$라 하면 점 Q의 x좌표는 $-p$이고 점 P′의 x좌표는 $2-p$이다.

따라서 $\overline{PP'}=2p-2$이므로 두 정삼각형 PP′R과 QQ′S는 한 변의 길이가 $2p-2$인 정삼각형이다.

따라서 점 R의 y좌표는 $g(1)=f(p)+\dfrac{\sqrt{3}}{2}\overline{PP'}$이다.

$g(1)=-2\cos\left(\dfrac{\pi}{2}+a\right)+\dfrac{2\sqrt{3}}{3}$,

$f(p)+\sqrt{3}(p-1)=\sin\dfrac{\pi}{2}p+\sqrt{3}(p-1)$에서

$2\sin a+\dfrac{2\sqrt{3}}{3}=\sin\dfrac{\pi}{2}p+\sqrt{3}(p-1)$ …… ㉠

점 S의 y좌표는 $g(-1)=f(-p)+\dfrac{\sqrt{3}}{2}\overline{QQ'}$이다.

$g(-1)=-2\cos\left(-\dfrac{\pi}{2}+a\right)+\dfrac{2\sqrt{3}}{3}$,

$f(-p)+\sqrt{3}(p-1)=\sin\left(-\dfrac{\pi}{2}p\right)+\sqrt{3}(p-1)$에서

$-2\sin a+\dfrac{2\sqrt{3}}{3}=-\sin\dfrac{\pi}{2}p+\sqrt{3}(p-1)$ …… ㉡

㉠, ㉡에서 변변 더하면 $\dfrac{4}{3}\sqrt{3}=2\sqrt{3}(p-1)$

$\therefore\ p=\dfrac{5}{3}$이다.

따라서 점 $P\left(\dfrac{5}{3}, \dfrac{1}{2}\right)$이다.

점 P는 직선 $y=mx$ 위의 점이므로 $m=\dfrac{3}{10}$이다.

따라서 $100m=30$이다.

44 정답 ②

[정답 : 배용제T]

[검토자 : 장세완T]

(i) $0<t\le\dfrac{\pi}{6}$일 때, 그림과 같다.

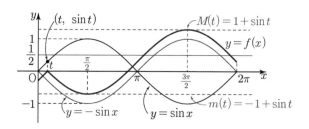

$M(t)=1+\sin t$, $m(t)=-1+\sin t$이다.

따라서 $M(t)-m(t)=2$

(ii) $\dfrac{\pi}{6}<t\le\pi$일 때, 그림과 같다.

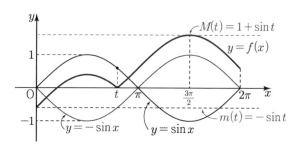

$M(t)=1+\sin t$, $m(t)=-\sin t$이다.

따라서 $M(t)-m(t)=1+2\sin t$

(iii) $\pi<t\le\dfrac{11}{6}\pi$일 때, 그림과 같다.

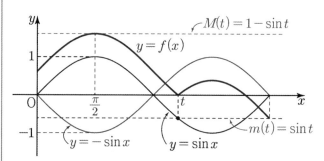

$M(t)=1-\sin t$, $m(t)=\sin t$이다.

따라서 $M(t)-m(t)=1-2\sin t$

(iv) $\dfrac{11}{6}\pi<t<2\pi$일 때, 그림과 같다.

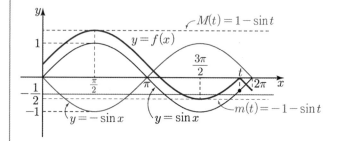

$M(t)=1-\sin t$, $m(t)=-1-\sin t$이다.

따라서 $M(t)-m(t)=2$

(i)~(iv)에서

함수 $M(t)-m(t)$의 그래프는 그림과 같다.

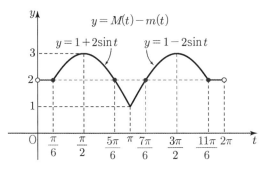

방정식 $M(t)-m(t)=2$의 해집합 A는

$$A=\left\{t \;\middle|\; 0<t\leq\frac{\pi}{6},\; \frac{5}{6}\pi,\; \frac{7}{6}\pi,\; \frac{11}{6}\pi\leq t<2\pi\right\}$$이다.

따라서 $\dfrac{\pi}{3}\not\in A$

45 정답 ④

[출제자 : 최성훈T]

사각형 $RPBQ$는 원 C_1에 내접하므로

$\angle ARP=\angle PBQ=\theta$이고,

$\overline{PR}:\overline{BQ}=5:8$이므로 $\overline{PR}=5k$, $\overline{BQ}=8k$,

원 C_1의 반지름의 길이를 a라 하면, $\overline{AP}=\overline{PB}=2a$이다.

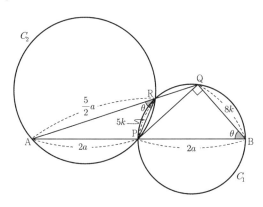

삼각형 APR과 삼각형 ABQ는 서로 닮음(AA닮음)이다.

따라서 $\overline{AR}:\overline{AB}=5:8$이므로 $\overline{AR}=\dfrac{5}{2}a$,

$\overline{PB}$는 원 C_1의 지름이므로 $\angle PQB=90\,^\circ$이다.

삼각형 PBQ에서 $\cos\theta=\dfrac{4k}{a}$이다. ……㉠

삼각형 APR에서 코사인법칙을 적용하면

$$(2a)^2=\left(\frac{5}{2}a\right)^2+(5k)^2-2\times\frac{5}{2}a\times5k\times\cos\theta$$

$$4a^2=\frac{25}{4}a^2+25k^2-2\times\frac{5}{2}a\times5k\times\frac{4k}{a}$$

$$=\frac{25}{4}a^2+25k^2-100k^2$$

따라서 $3a^2=100k^2 \Rightarrow \left(\dfrac{k}{a}\right)^2=\dfrac{3}{100}$ ……㉡

C_1의 반지름의 길이는 a이고,

C_2의 반지름을 R이라 할 때 삼각형 APR에서 $\dfrac{2a}{\sin\theta}=2R$,

$$R=\frac{a}{\sin\theta}$$

따라서 두 원의 넓이의 비는

$$\pi a^2 : \pi\left(\frac{a}{\sin\theta}\right)^2=\sin^2\theta:1$$

$$=(1-\cos^2\theta):1$$

$$=\left(1-\left(\frac{4k}{a}\right)^2\right):1$$

$$=\left(1-16\times\frac{3}{100}\right):1 \quad(\because ㉠, ㉡)$$

$$=13:25$$

$m=13$, $n=25$ 이므로 $m+n=38$

46 정답 ⑤

[그림 : 도정영T]

[검토자 : 강동희T]

그림과 같이 사분원 OAB를 포함하는 원을 그리면

$\angle APQ=\dfrac{\pi}{2}$이므로 원의 지름의 끝점 중 A가 아닌 점을 S라

할 때, 직선 PQ는 직선 OA와 점 S에서 만난다.

$\overline{OA}=\dfrac{13}{2}$이므로 $\overline{AS}=13$이다. 직각삼각형 APS에서

$\overline{AP}=5$이므로 $\overline{PS}=12$이다.

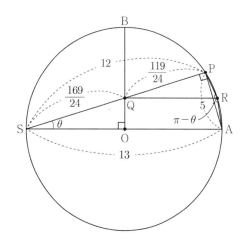

$\triangle APS \backsim \triangle QOS$이므로 $12:13=\dfrac{13}{2}:\overline{QS}$에서

$\overline{QS}=\dfrac{169}{24}$이다. ……㉠

따라서 $\overline{PQ}=12-\dfrac{169}{24}=\dfrac{119}{24}$

한편, $\angle ASP=\theta$라 하면 사각형 $ARPS$는 원에 내접하므로

$\angle ARP=\pi-\theta$이다.

직각삼각형 APS에서 $\sin\theta=\dfrac{5}{13}$, $\cos\theta=\dfrac{12}{13}$이다.

점 R가 호 AP의 중점이므로 $\overline{AR}=\overline{PR}=x$라 하고 삼각형

APR에서 코사인법칙을 적용하면

$$25 = x^2 + x^2 - 2x^2\cos(\pi - \theta)$$

$$25 = 2x^2 + \frac{24}{13}x^2$$

$\frac{50}{13}x^2 = 25$에서 $x^2 = \frac{13}{2}$이다.

또한 삼각형 APR에서 $\angle APR = \alpha$라 하고 사인법칙을
적용하면

$$\frac{\frac{\sqrt{26}}{2}}{\sin\alpha} = 13$$

$\therefore \sin\alpha = \frac{1}{\sqrt{26}}$, $\cos\alpha = \frac{5}{\sqrt{26}}$

따라서 삼각형 PQR의 넓이 S는

$$S = \frac{1}{2} \times \frac{119}{24} \times \frac{\sqrt{26}}{2} \times \sin\left(\frac{\pi}{2} + \alpha\right)$$

$$= \frac{1}{2} \times \frac{119}{24} \times \frac{\sqrt{26}}{2} \times \frac{5}{\sqrt{26}}$$

$$= \frac{595}{96}$$

[랑데뷰팁]–정찬도T의 의견

㉠에서 $\overline{QS} = \frac{\overline{SB}}{\cos\theta}$을 이용해도 좋다.

[랑데뷰팁]–정찬도T 추가설명 [미적분]

$\alpha = \frac{\theta}{2}$임을 이용하면,

$\sin^2\alpha = \sin^2\frac{\theta}{2} = \frac{1-\cos\theta}{2} = \frac{1}{26}$, $\sin\alpha = \frac{1}{\sqrt{26}}$

$\cos^2\alpha = \cos^2\frac{\theta}{2} = \frac{1+\cos\theta}{2} = \frac{25}{26}$, $\cos\alpha = \frac{5}{\sqrt{26}}$

$\cos\alpha = \frac{\frac{5}{2}}{\overline{PR}}$에서 $\overline{PR} = \overline{AR} = \frac{\sqrt{26}}{2}$

---

47 정답 16

[출제자 : 정일권T]
[그림 : 이정배T]

함수 $f(x)$의 그래프는 주기가 2이고 최대 $\sqrt{3}$, 최소 0인
삼각함수이고, 삼각형 PAB가 직각삼각형이므로 $\angle P = \frac{\pi}{2}$

또는 $\angle B = \frac{\pi}{2}$인 경우를 그래프로 나타내면 조건을 만족하는 점

P는 $P_1 \left(\angle P = \frac{\pi}{2}\right)$ 또는 $P_2 \left(\angle B = \frac{\pi}{2}\right)$ 이다.($\because$ 점 P는 x

또는 x축 아래의 점은 만족하지 않는다.)

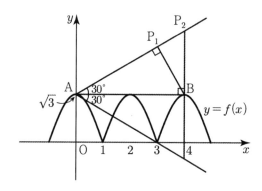

그래프에서 P_1일 때가 함수 $g(x)$가 최대가 되는 점이 될 때 a가
최소이다.
$P_1(3, 2\sqrt{3})$이므로 $a = 2\sqrt{3}$ ($\because a > 0$)이고,
$b = 2$ ($\because b > 0$)일 때 최소이다.

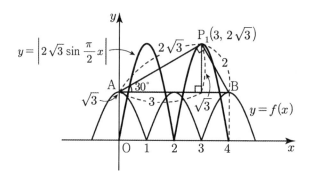

따라서 $m^2 + n^2 = 12 + 4 = 16$이다.

---

48 정답 ②

[출제자 : 김종렬T]

$0 \le x \le 9$에서 곡선 $y = \left|6\sin\frac{\pi}{3}x\right|$는 다음 그림과 같고,

따라서 $m = 6$이다.

$\triangle A_1 A_i P$ 의 넓이가 최대이려면 밑변과 높이가 최대여야 하므로

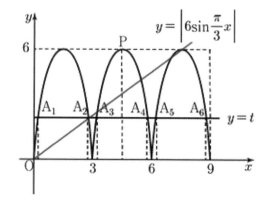

$A_i = A_6$이고 이등변삼각 형이면서 넓이가 최대이려면 점 P의
y좌표는 6이고 x좌표는 $\frac{9}{2}$이다.

따라서 조건을 만족하는 삼각형은 $\triangle A_1 A_6 P$ 이고 점 A_1의

x 좌표를 α라 하면

점 A_1의 좌표는 $(\alpha,\ t)$ 점 A_6의 좌표는 $(9-\alpha,\ t)$이고

$\triangle A_1 A_6 P$ 의 무게중심의 좌표는

$\left(\dfrac{9}{2},\ \dfrac{2t+6}{3}\right)$이므로 조건 (나)에 의해 $\dfrac{2t+6}{3}=\dfrac{10}{3}$ 이다.

$\therefore\ t=2$

$\therefore\ 6\sin\dfrac{\pi}{3}\alpha=2$ 이므로 $\sin\dfrac{\pi}{3}\alpha=\dfrac{1}{3}$ 이다. 따라서

$\tan\dfrac{\pi}{3}\alpha=\dfrac{1}{2\sqrt{2}}$

또한 $\overline{OA_2}=\overline{A_2B_2}$ 이므로 B_2 는 $(6-2\alpha,\ 4)$ 이다.

$-6\sin\dfrac{\pi}{3}(6-2\alpha)=4$, $6\sin\dfrac{2\alpha\pi}{3}=4$, $\therefore\ \sin\dfrac{2\alpha\pi}{3}=\dfrac{2}{3}$

$\therefore\ \sin\dfrac{2\pi}{3}\alpha+\dfrac{1}{\tan\dfrac{\pi}{3}\alpha}=2\sqrt{2}+\dfrac{2}{3}$

49 정답 4

[그림 : 이정배T]

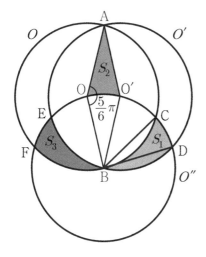

위 그림에서 호BC, 호CD, 호BD로 둘러싸인 부분의 넓이를 T라 하면 호BE, 호EF, 호FB로 둘러싸인 넓이도 T이다.

$\angle CBD=30\,^\circ$ 이므로 호BD와 현BD로 둘러싸인 활꼴의 넓이는 호BC와 현BC로 둘러싸인 활꼴의 넓이와 같다.

따라서 (부채꼴 OBO′)$=T$

즉, $S_1=T$

마찬가지로 $S_3=T$

이다.

그러므로

$S_1+S_3+2S_2$

$=(S_1+S_2)+(S_3+S_2)$

$=2(S_1+T)$

$=2\times$(마름모 AOBO′의 넓이)

$=2\times 2\times\dfrac{1}{2}\times 2^2\times\sin\dfrac{5}{6}\pi$

$=4$

50 정답 ③

[그림 : 이호진T]

$\overline{DA}=a$라 하면 $\overline{AB}=2a$이다.

삼각형 DAB에서 코사인법칙에 의하여

$\overline{BD}^2=a^2+(2a)^2-2\times a\times 2a\times\cos\dfrac{2}{3}\pi=7a^2$

이므로 $\overline{BD}=\sqrt{7}\,a$이다.

$\overline{DE}:\overline{EB}=2:3$이므로

(삼각형 ABC의 넓이) : (삼각형 ADC의 넓이)$=3:2$이다.

$\angle ABC=\theta$라 할 때,

(삼각형 ABC의 넓이)$=\dfrac{1}{2}\times\overline{BA}\times\overline{BC}\times\sin\theta$

(삼각형 ADC의 넓이)$=\dfrac{1}{2}\times\overline{DA}\times\overline{DC}\times\sin(\pi-\theta)$이고

(삼각형 ABC의 넓이) : (삼각형 ADC의 넓이)

$=\overline{BA}\times\overline{BC}:\overline{DA}\times\overline{DC}=3:2$이므로

$\overline{BC}=\dfrac{3}{4}\overline{DC}$이다. $\overline{DC}=4k$라 하면

$\overline{BC}=3k$이고 $\overline{BD}=\sqrt{7}\,a$, $\angle BCD=\dfrac{\pi}{3}$이므로

삼각형 BCD에서 코사인법칙에 의하여

$\cos\dfrac{\pi}{3}=\dfrac{(3k)^2+(4k)^2-(\sqrt{7}\,a)^2}{2\times 3k\times 4k}$이므로

$7a^2=13k^2$, $k=\sqrt{\dfrac{7}{13}}\,a$이다.

삼각형 DAB의 외접원의 반지름의 길이가 2이고 사인법칙에 의하여

$\dfrac{\sqrt{7}\,a}{\sin\dfrac{2}{3}\pi}=4$이므로 $a=\dfrac{2\sqrt{21}}{7}$이다.

(삼각형 BCD의 넓이)

$=\dfrac{1}{2}\times 4k\times 3k\times\sin\dfrac{\pi}{3}$

$=3\sqrt{3}\times k^2$

$=\dfrac{21\sqrt{3}}{13}\times a^2$

$=\dfrac{36}{13}\sqrt{3}$

51 정답 12

[그림 : 이호진T]

$g(x)=p\sin 2x+q$라 하면

$f(0)=|q|$, $f\left(\dfrac{\pi}{4}\right)=|p+q|$에서 $f(0)<f\left(\dfrac{\pi}{4}\right)$를 만족시키려면

$p>0$ $(\because q>0,\ p+q\geq 0)$이어야 한다.

$g(x)$의 최솟값인 $g\left(\dfrac{3\pi}{4}\right)=-p+q$ 의 부호에 따라 함수

$y=f(x)$의 그래프는 다음과 같은 경우가 있다.

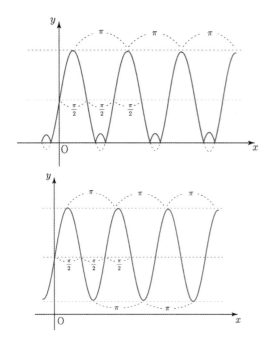

(i) $-p+q < 0$ 일 때

적선 $y=t$가 곡선 $y=f(x)$와 만나는 모든 점의 x좌표를 나열한 수열은 $t=f(0)$이면 첫째항이 0이고 공차가 $\frac{\pi}{2}$인 등차수열이고, $t=f\left(\frac{\pi}{4}\right)$이면 첫째항이 $\frac{\pi}{4}$이고 공차가 π인 등차수열이다. 한편, 나머지 경우에는 직선 $y=t$가 곡선 $y=f(x)$와 만나는 모든 점의 x좌표를 나열한 수열은 연속하는 두 항사이의 차가 $\frac{\pi}{2}$보다 큰 값과 $\frac{\pi}{2}$보다 작은 값이 모두 있으므로 등차수열이 되지 않는다.

이때 $\alpha + \beta = 10$이므로 $q + (p+q) = p + 2q = 10$ $\cdots\cdots$ ㉠

수열 $\{a_n\}$은 첫째항이 0이고 공차가 $\frac{\pi}{2}$인 등차수열이므로

$a_2 = \frac{\pi}{2}$

수열 $\{b_n\}$은 첫째항이 $\frac{\pi}{4}$이고 공차가 π인 등차수열이므로

$b_2 = \frac{5\pi}{4}$

$a_2 = \frac{\pi}{2}$, $f(b_2) = p+q$, $\frac{f(b_2)}{a_2} = \frac{14}{\pi}$

$\therefore p+q = 7$ $\cdots\cdots$ ㉡

㉠, ㉡을 연립하여 풀면 $p=4$, $q=3$

(ii) $-p+q \geq 0$ 일 때

직선 $y=t$가 곡선 $y=f(x)$와 만나는 모든 점의 x좌표를 나열한 수열은 $t=f(0)$이면 공차가 $\frac{\pi}{2}$인 등차수열, $t=f\left(\frac{\pi}{4}\right)$이면 공차가 π인 등차수열, $t=f\left(\frac{3\pi}{4}\right)$이면 공차가 π인 등차수열이다. 이때 등차수열이 되도록 하는 t의 값이 2개뿐이라는 조건을 만족시키지 않는다.

(i), (ii)에서 $p=4$, $q=3$ 따라서 $pq=12$

52 정답 ⑤

$|f(x)| \geq 1 \Rightarrow f(x) \leq -1$, $f(x) \geq 1$ 이므로
$\tan(\pi \sin^2 2x) \leq -1$ 또는 $\tan(\pi \sin^2 2x) \geq 1$

(i) $\tan(\pi \sin^2 2x) \leq -1$일 때

$\frac{\pi}{2} < \pi \sin^2 2x \leq \frac{3}{4}\pi$ 이고 $\frac{1}{2} < \sin^2 2x \leq \frac{3}{4}$ 의 해는

$-\frac{\sqrt{3}}{2} \leq \sin 2x < -\frac{\sqrt{2}}{2}$, $\frac{\sqrt{2}}{2} < \sin 2x \leq \frac{\sqrt{3}}{2}$ 이다.

① $-\frac{\sqrt{3}}{2} \leq \sin 2x < -\frac{\sqrt{2}}{2}$ 일 때

$\frac{5}{4}\pi < 2x \leq \frac{4}{3}\pi$ 또는 $\frac{5}{3}\pi \leq 2x < \frac{7}{4}\pi$ 이므로

$\frac{5}{8}\pi < x \leq \frac{2}{3}\pi$ 또는 $\frac{5}{6}\pi \leq x < \frac{7}{8}\pi$ $\cdots$ ㉠

② $\frac{\sqrt{2}}{2} < \sin 2x \leq \frac{\sqrt{3}}{2}$ 일 때

$\frac{1}{4}\pi < 2x \leq \frac{1}{3}\pi$ 또는 $\frac{2}{3}\pi \leq 2x < \frac{3}{4}\pi$ 이므로

$\frac{1}{8}\pi < x \leq \frac{1}{6}\pi$ 또는 $\frac{1}{3}\pi \leq x < \frac{3}{8}\pi$ $\cdots$ ㉡

(ii) $\tan(\pi \sin^2 2x) \geq 1$일 때

$\frac{\pi}{4} \leq \pi \sin^2 2x < \frac{\pi}{2}$이고 $\frac{1}{4} \leq \sin^2 2x < \frac{1}{2}$의 해는

$-\frac{\sqrt{2}}{2} < \sin 2x \leq -\frac{1}{2}$, $\frac{1}{2} \leq \sin 2x < \frac{\sqrt{2}}{2}$ 이다.

① $-\frac{\sqrt{2}}{2} < \sin 2x \leq -\frac{1}{2}$ 일 때

$\frac{7}{6}\pi \leq 2x < \frac{5}{4}\pi$ 또는 $\frac{7}{4}\pi < 2x \leq \frac{11}{6}\pi$이므로

$\frac{7}{12}\pi \leq x < \frac{5}{8}\pi$ 또는 $\frac{7}{8}\pi < x \leq \frac{11}{12}\pi$ $\cdots$ ㉢

② $\frac{1}{2} \leq \sin 2x < \frac{\sqrt{2}}{2}$ 일 때

$\frac{1}{6}\pi \leq 2x < \frac{1}{4}\pi$ 또는 $\frac{3}{4}\pi < 2x \leq \frac{5}{6}\pi$이므로

$\frac{1}{12}\pi \leq x < \frac{1}{8}\pi$ 또는 $\frac{3}{8}\pi < x \leq \frac{5}{12}\pi$ $\cdots$ ㉣

㉠, ㉡, ㉢, ㉣에서

$\frac{30}{48}\pi < x \leq \frac{32}{48}\pi$ 또는 $\frac{40}{48}\pi \leq x < \frac{42}{48}\pi$ $\cdots$ ㉠

$\frac{6}{48}\pi < x \leq \frac{8}{48}\pi$ 또는 $\frac{16}{48}\pi \leq x < \frac{18}{48}\pi$ $\cdots$ ㉡

$\frac{28}{48}\pi \leq x < \frac{30}{48}\pi$ 또는 $\frac{42}{48}\pi < x \leq \frac{44}{48}\pi$ $\cdots$ ㉢

$\frac{4}{48}\pi \leq x < \frac{6}{48}\pi$ 또는 $\frac{18}{48}\pi < x \leq \frac{20}{48}\pi$ $\cdots$ ㉣

이므로

$B = \left\{\frac{1}{48}\pi, \frac{3}{48}\pi, \frac{5}{48}\pi, \frac{7}{48}\pi, \cdots\right\}$와 집합 A의 교집합의

원소는

$\dfrac{5}{48}\pi$, $\dfrac{7}{48}\pi$, $\dfrac{17}{48}\pi$, $\dfrac{19}{48}\pi$, $\dfrac{29}{48}\pi$, $\dfrac{31}{48}\pi$, $\dfrac{41}{48}\pi$, $\dfrac{43}{48}\pi$이다.

따라서

$\dfrac{5+7+17+19+29+31+41+43}{48}\pi = \dfrac{4\times48}{48}\pi = 4\pi$

53 정답 ①

삼각형 ABD의 외접원의 반지름의 길이를 R_1, 삼각형 ADC의 외접원의 반지름의 길이를 R_2라 하자.

(가)에서 $R_1 = 2R_2$이다.

$\dfrac{\overline{AB}}{\sin(\angle ADB)} = 2R_1$, $\dfrac{\overline{AC}}{\sin(\angle ADC)} = 2R_2$

이고 $\sin(\angle ADB) = \sin(\angle ADC)$이므로 $\overline{AB} = 2\overline{AC}$이다.

$\therefore \overline{AC} = 3$

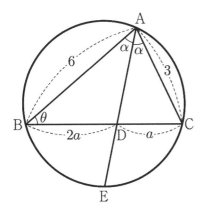

각의 이등분선의 성질에 의해 $\overline{BD} = 2\overline{CD}$이므로 $\overline{CD} = a$라 하면 $\overline{BD} = 2a$이다.

$\angle BAD = \overline{CAD} = \alpha$라 하고 $\overline{AD} = x$라 하면

삼각형 ABD에서 코사인 법칙을 적용하면

$\cos\alpha = \dfrac{6^2+x^2-(2a)^2}{2\times6\times x} = \dfrac{36+x^2-4a^2}{12x}$

삼각형 ACD에서 코사인 법칙을 적용하면

$\cos\alpha = \dfrac{3^2+x^2-a^2}{2\times3\times x} = \dfrac{9+x^2-a^2}{6x}$

$\dfrac{36+x^2-4a^2}{12x} = \dfrac{9+x^2-a^2}{6x}$

$36+x^2-4a^2 = 18+2x^2-2a^2$

$18-x^2-2a^2 = 0 \cdots \bigcirc$

한편,

삼각형 ABD와 삼각형 ACE가 닮음이므로

$\overline{AB} : \overline{AD} = \overline{AE} : \overline{AC}$이 성립한다.

$\overline{AE}\times\overline{AD} = 6\times3$에서 $\overline{AE} = \dfrac{18}{x}$이다.

(나)에서

$5\overline{AE}^2 = 27\overline{BC}$

$\dfrac{5\times18^2}{x^2} = 27\times3a$

$x^2 = \dfrac{20}{a} \cdots \bigcirc$

$\bigcirc$, $\bigcirc$에서

$9 - \dfrac{10}{a} - a^2 = 0$

$a^3 - 9a + 10 = 0$

$(a-2)(a^2+2a-5) = 0$

$\therefore a = 2$ ($\because a$는 유리수)

따라서 $\overline{BC} = 6$이다.

$\overline{AB} = 6$, $\overline{BC} = 6$, $\overline{AC} = 3$이므로 $\angle ABC = \theta$라 하면

$\cos\theta = \dfrac{6^2+6^2-3^2}{2\times6\times6} = \dfrac{7}{8}$

따라서 $\sin\theta = \dfrac{\sqrt{15}}{8}$

원 O의 반지름의 길이를 R라 하면

$\dfrac{3}{\sin\theta} = 2R$

$\therefore R = \dfrac{12}{\sqrt{15}}$

그러므로 원 O의 넓이는 $\pi\left(\dfrac{12}{\sqrt{15}}\right)^2 = \dfrac{48}{5}\pi$이다.

[다른 풀이]

우산공식에서

$\overline{AE}\times\overline{AD} = 6\times3$

$\overline{AD}^2 = 6\times3-2a\times a = 18-2a^2$

(나)에서 $\overline{AE} = \dfrac{18}{AD}$이므로

$5\times\dfrac{18^2}{18-2a^2} = 27\times3a$

$\dfrac{10}{9-a^2} = a$

$a^3 - 9a + 10 = 0$

$(a-2)(a^2+2a-5) = 0$

$\therefore a = 2$ ($\because a$는 유리수)

따라서 $\overline{BC} = 6$이다.

54 정답 9

$\angle ACD = \angle ABD = \theta$라 할 때, $\cos\theta = \dfrac{5}{6}$,

$\sin\theta = \dfrac{\sqrt{11}}{6}$이다.

삼각형 ACD에서 $\overline{CD} = x$라 하고 코사인법칙을 적용하면

$(\sqrt{3})^2 = 3^2+x^2-2\times3\times x\times\dfrac{5}{6}$

$x^2 - 5x + 6 = 0$

$(x-2)(x-3) = 0$

$\overline{CD}$는 2 또는 3이다. 삼각형 ABD에서 $\angle ABD$에 대해 코사인법칙을 적용하여도 같은 값이므로 $\overline{BD}$의 값도 2 또는 3이다.
$\overline{CD} > \overline{BD}$이므로 $\overline{CD} = 3$, $\overline{BD} = 2$이다.

한편,
이등변삼각형 ABC에서 $\angle ABC = \angle ACD = \alpha$라 하면
$\angle A = \pi - 2\alpha$이다.
삼각형 DBC에서 $\angle DBC = \alpha + \theta$, $\angle DCB = \alpha - \theta$이므로
$\angle D = \pi - 2\alpha$이다.

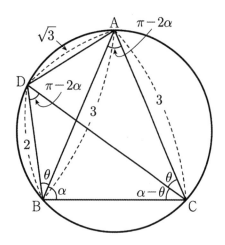

따라서 네 점 A, D, B, C는 한 원 위의 점이다.
사각형 ADBC의 외접원의 반지름의 길이를 R이라 하면

삼각형 ACD에서 $\dfrac{\sqrt{3}}{\sin\theta} = 2R$

$\therefore 2R = \dfrac{6\sqrt{3}}{\sqrt{11}}$

이등변삼각형 ABC에서 사인법칙을 적용하면

$\dfrac{\overline{BC}}{\sin A} = 2R$

따라서 $\overline{BC} = \dfrac{6\sqrt{3}}{\sqrt{11}} \sin A$

이등변삼각형 ABC에서 코사인법칙을 적용하면

$\dfrac{108}{11}\sin^2 A = 9 + 9 - 2 \times 3 \times 3 \times \cos A$

$\dfrac{108}{11}(1 - \cos^2 A) = 18 - 18\cos A$

$6(1 - \cos^2 A) = 11 - 11\cos A$

$6\cos^2 A - 11\cos A + 5 = 0$

$(\cos A - 1)(6\cos A - 5) = 0$

$\therefore \cos A = \dfrac{5}{6}$

$\angle A = \angle D = \pi - 2\alpha$이므로 $\sin D = \dfrac{\sqrt{11}}{6}$

사각형 ADBC의 넓이는 두 삼각형 ACD와 DBC의 넓이의 합이다.

(삼각형 ACD의 넓이)

$= \dfrac{1}{2} \times \overline{AC} \times \overline{CD} \times \sin\theta = \dfrac{1}{2} \times 3 \times 3 \times \dfrac{\sqrt{11}}{6} = \dfrac{3\sqrt{11}}{4}$

(삼각형 DBC의 넓이)

$= \dfrac{1}{2} \times \overline{DB} \times \overline{DC} \times \sin D = \dfrac{1}{2} \times 2 \times 3 \times \dfrac{\sqrt{11}}{6} = \dfrac{\sqrt{11}}{2}$

따라서 사각형 ADBC의 넓이는

$\dfrac{3\sqrt{11}}{4} + \dfrac{\sqrt{11}}{2} = \dfrac{5}{4}\sqrt{11}$이다.

$p = 4$, $q = 5$이므로 $p + q = 9$이다.

[다른 풀이]–이소영T

$\overset{\frown}{AD}$의 원주각 $\angle ACD = \angle ABD = \theta$이므로 네 점 A, B, C, D는 한 원 위의 점이다.

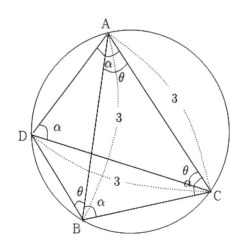

$\triangle ABC$은 이등변 삼각형이므로 $\angle ABC = \alpha$라 하면
$\angle ABC = \angle ACB = \alpha$이다.
$\overset{\frown}{AC}$에 대한 원주각으로 $\angle ABC = \angle ADC = \alpha$이다. 또,
$\triangle ACD$는 $\overline{AC} = \overline{CD} = 3$인 이등변 삼각형이므로
$\angle CDA = \angle CAD = \alpha$ 되고,
$\triangle ABC \equiv \triangle CAD$ (SAS 합동)이다.
따라서 $\angle ACD = \angle BAC = \theta$이다.
$\square ADBC = \triangle ABC + \triangle ABD$이다.

$\triangle ABC = \dfrac{1}{2} \cdot 3 \cdot 3 \cdot \sin\theta$,

$\triangle ABD = \dfrac{1}{2} \cdot 3 \cdot 2 \cdot \sin\theta$이므로

$\square ADBC = \dfrac{15}{2}\sin\theta$

$= \dfrac{15}{2}\sqrt{1 - \cos^2\theta}$

$= \dfrac{15}{2}\sqrt{1 - \dfrac{25}{36}}$

$= \dfrac{15}{12}\sqrt{11}$

$= \dfrac{5}{4}\sqrt{11} = \dfrac{q}{p}\sqrt{11}$

따라서 $p = 4$, $q = 5$이므로 $p + q = 9$이다.

55 정답 ④

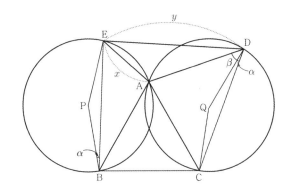

그림과 같이 $\overline{AE}=x$, $\overline{DE}=y$라 하면

$\cos(\angle AED) = \dfrac{11}{14}$ 에서 $\sin(\angle AED) = \sqrt{1-\left(\dfrac{11}{14}\right)^2} = \dfrac{5\sqrt{3}}{14}$

사인 법칙에 의해

$$\dfrac{5}{\sin(\angle AED)} = \dfrac{y}{\sin \dfrac{2}{3}\pi}, \ \dfrac{5}{\dfrac{5\sqrt{3}}{14}} = \dfrac{y}{\dfrac{\sqrt{3}}{2}}$$

$\therefore \ y = 7$

코사인법칙에 의해

$7^2 = x^2 + 5^2 - 2 \times x \times 5 \times \cos \dfrac{2}{3}\pi$, $x^2 + 5x - 24 = 0$

$\therefore \ x = 3$

삼각형 AEB와 삼각형 ACD의 외접원의 반지름의 길이가 서로
같으므로 $\overline{DC} = \overline{EB}$ $\angle DAC = \theta$이면 $\angle EAB = \pi - \theta$이므로
코사인법칙에 의해

$5^2 + 5^2 - 2 \times 5 \times 5 \times \cos\theta = 3^2 + 5^2 - 2 \times 3 \times 5 \times \cos(\pi - \theta)$

$50 - 50\cos\theta = 34 + 30\cos\theta$

$\therefore \ \cos\theta = \dfrac{1}{5}$

$\overline{CD}^2 = 5^2 + 5^2 - 2 \times 5 \times 5 \times \dfrac{1}{5} = 40$

삼각형 EPB는 삼각형 DQC와 합동이므로

$\angle PBE = \angle QCD = \alpha$

$\angle ADC = \alpha + \beta$

따라서

$\cos(\alpha + \beta) = \dfrac{5^2 + 40 - 5^2}{2 \times \sqrt{40} \times 5} = \dfrac{40}{20\sqrt{10}} = \dfrac{\sqrt{10}}{5}$

56 정답 ③

[출제자 : 김수T]

사각형 ABCD가 원에 내접함 ⇒

$\angle BAD = \pi - \angle BCD = \dfrac{\pi}{3}$이고, $\angle ABD = \angle ADB$ 이므로

$\overline{AB} = \overline{AD}$ ⇒ 삼각형 ABD는 정삼각형이다.

또한,

$\angle ACB = \angle ACD = \dfrac{\pi}{3}$ (원주각의 성질에 의해서)

$\Rightarrow \ \sin(\angle BAC) : \sin(\angle DAC) = 2 : 1$ 은 사인법칙에

의해서 $\overline{BC} : \overline{CD} = 2 : 1$ 이고

이므로 $\overline{BP} = 2k$, $\overline{PD} = k$, $\overline{AB} = 3k$, $\overline{AP} = x$ 라 놓으면

삼각형 APD에서 코사인법칙에 의해

$x^2 = (3k)^2 + k^2 - 2 \times 3k \times k \times \dfrac{1}{2} \ \Rightarrow \ x = \sqrt{7}\,k$을 얻는다.

두 삼각형 PAB, PDC는 닮음이므로 (∵ 그림을 참고)

$\overline{AB} : \overline{DC} = \overline{AP} : \overline{DP} = \sqrt{7} : 1 \ \Rightarrow \ \overline{CD} = \dfrac{3k}{\sqrt{7}}, \ \overline{BC} = \dfrac{6k}{\sqrt{7}}$

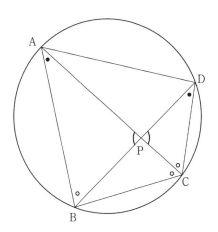

$\therefore$ (사각형 ABCD의 넓이)

$= \dfrac{\sqrt{3}}{4} \times \overline{BD}^2 + \dfrac{1}{2} \times \overline{BC} \times \overline{CD} \times \sin\dfrac{2}{3}\pi$

$= \dfrac{\sqrt{3}}{4} 9k^2 + \dfrac{1}{2} \times \dfrac{3k}{\sqrt{7}} \times \dfrac{6k}{\sqrt{7}} \times \sin\dfrac{2}{3}\pi$

$= \dfrac{81k^2\sqrt{3}}{28} = \dfrac{81\sqrt{3}}{4}$

$\therefore \ k = \sqrt{7}$ 이고 $x = \sqrt{7}\,k = 7$ 이다.

57 정답 20

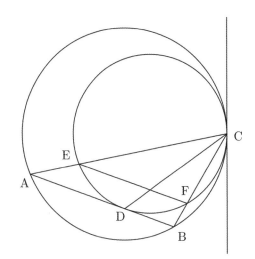

점 C에서 두 원에 접선을 긋고 현 BC와 접선이 이루는 각을 θ라 하면

$\angle\text{BAC} = \angle\text{FEC} = \theta$이다.

따라서, $\overline{\text{AB}} /\!/ \overline{\text{EF}}$이다.

$\overline{\text{AB}}$는 EDF를 지나는 원과 점 D에서 접하는 접선이므로 $\angle\text{EDA} = \angle\text{ECD}$이다.

$\overline{\text{AB}} /\!/ \overline{\text{EF}}$이므로 $\angle\text{EDA} = \angle\text{FED}$이다.

원주각의 성질에 의해 $\angle\text{FED} = \angle\text{DCB}$이다.

따라서, $\angle\text{ACD} = \angle\text{DCB}$이고 $\overline{\text{CD}}$는 각 ACB의 이등분선이다.

$\overline{\text{AD}} : \overline{\text{DB}} = \overline{\text{AC}} : \overline{\text{BC}}$

$\overline{\text{AD}} : \overline{\text{DB}} = 9 : 5$이고 $\overline{\text{AB}} = 14$이므로

$\overline{\text{AD}} = 9$.

삼각형 ABC에서 $\angle\text{BAC} = \theta$이므로

$\cos\theta = \dfrac{14^2 + 18^2 - 10^2}{2 \times 14 \times 18} = \dfrac{5}{6}$이므로

$\sin\theta = \dfrac{\sqrt{11}}{6}$

삼각형 ADC에서 코사인법칙을 적용하면

$\overline{\text{CD}}^2 = 9^2 + 18^2 - 2 \times 9 \times 18 \times \dfrac{5}{6}$

$\overline{\text{CD}} = 3\sqrt{15}$

$\dfrac{\overline{\text{CD}}}{\sin\theta} = 2R$이므로 $R = \dfrac{9\sqrt{15}}{\sqrt{11}} = \dfrac{9\sqrt{165}}{11}$

따라서, $p = 11$, $q = 9$이고, $p + q = 20$이다.

58 정답 29

[그림 : 이정배T]

$\overline{\text{AB}} = 2$, $\overline{\text{BC}} = 3$, $\cos(\angle\text{ABC}) = \dfrac{9}{16}$이므로

코사인법칙을 적용하면

$\overline{\text{AC}}^2 = 2^2 + 3^2 - 2 \times 2 \times 3 \times \dfrac{9}{16}$

$\quad = 4 + 9 - \dfrac{27}{4} = \dfrac{25}{4}$

$\therefore \overline{\text{AC}} = \dfrac{5}{2}$

삼각형 ABC에서 코사인법칙을 이용하여 $\cos A$를 구해보자.

$\cos A = \dfrac{\overline{\text{AB}}^2 + \overline{\text{AC}}^2 - \overline{\text{BC}}^2}{2 \times \overline{\text{AB}} \times \overline{\text{AC}}}$

$= \dfrac{2^2 + \left(\dfrac{5}{2}\right)^2 - 3^2}{2 \times 2 \times \dfrac{5}{2}} = \dfrac{1}{8}$

이므로

$\overline{\text{AP}} = \dfrac{1}{4}$, $\overline{\text{AQ}} = \dfrac{5}{16}$

$\sin(\angle\text{ABP}) = \dfrac{\dfrac{1}{4}}{2} = \dfrac{1}{8}$

따라서 $\cos(\angle\text{ABP}) = \dfrac{3\sqrt{7}}{8}$

$\overline{\text{BQ}} = 2 - \dfrac{5}{16} = \dfrac{27}{16}$

삼각형 BRQ에서

$\cos(\angle\text{RBQ}) = \cos(\angle\text{ABP}) = \dfrac{3\sqrt{7}}{8} = \dfrac{\overline{\text{BQ}}}{\overline{\text{BR}}}$

$\overline{\text{BR}} = \dfrac{8}{3\sqrt{7}} \times \overline{\text{BQ}} = \dfrac{8}{3\sqrt{7}} \times \dfrac{27}{16} = \dfrac{9}{2\sqrt{7}}$

삼각형 ABR에서 코사인법칙을 적용하면

$\overline{\text{AR}}^2 = 2^2 + \left(\dfrac{9}{2\sqrt{7}}\right)^2 - 2 \times 2 \times \dfrac{9}{2\sqrt{7}} \times \dfrac{3\sqrt{7}}{8}$

$\quad = 4 + \dfrac{81}{28} - \dfrac{27}{4}$

$\quad = \dfrac{112 + 81 - 189}{28} = \dfrac{1}{7}$

선분 $\overline{\text{AR}}$이 네 점 A, Q, R, P를 지나는 원의 지름이므로

원의 넓이는 $\pi\left(\dfrac{\overline{\text{AR}}}{2}\right)^2 = \pi\dfrac{\overline{\text{AR}}^2}{4} = \dfrac{1}{28}\pi$

$p + q = 29$

59 정답 ⑤

점 B와 점 E를 잇는 선분 BE를 긋는다.

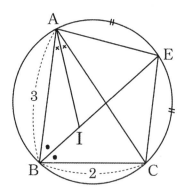

호 EA와 호 EC 가 같으므로 $\angle\text{ABE} = \angle\text{EBC}$이다. 따라서 선분 BE는 각 ABC의 이등분선이고 삼각형 ABC의 내접원의 중심인 I는 선분 BE 위의 점이다. 따라서

$\angle\text{BIE} = \pi$

각형 ABI 에서 $\angle\text{AIE} = \angle\text{IAB} + \angle\text{ABI}$

한편, $\angle\text{IAB} = \angle\text{CAI}$, $\angle\text{ABI} = \angle\text{IBC}$

그러므로 $\angle\text{AIE} = \angle\text{CAI} + \angle\text{IBC}$

$= \angle\text{CAI} + \angle\text{EAC}$

$= \angle\text{EAI}$

즉, $\overline{\text{AE}} = \overline{\text{EI}}$ 이다. 또 $\overline{\text{AI}} = \overline{\text{EI}}$이므로 삼각형 AEI 는 정삼각형이다.

$\angle\text{AEI} = \dfrac{\pi}{3}$

$\angle\text{AEB}$와 $\angle\text{ACB}$는 호 AB의 원주각이므로 서로 같다.

따라서 $\angle \mathrm{ACB} = \dfrac{\pi}{3}$

$\overline{\mathrm{AC}} = t$ 라 하고

사각형 ABCE는 원에 내접하므로 $\angle \mathrm{ABC} = 180\degree - \angle \mathrm{AEC}$

삼각형 ABC에서 $\angle \mathrm{ABC}$에 대해 코사인법칙을 쓰면

$$\cos(\angle \mathrm{ABC}) = \dfrac{3^2 + 2^2 - t^2}{2 \times 3 \times 2} = -\dfrac{t^2}{12} + \dfrac{13}{12} \cdots \text{㉠}$$

$\overline{\mathrm{AI}} = \overline{\mathrm{AE}} = x$ 라 하고

삼각형 ABC에서 $\angle \mathrm{AEC}$에 대해 코사인법칙을 쓰면

$$\cos(\angle \mathrm{AEC}) = \dfrac{x^2 + x^2 - t^2}{2 \times x \times x} \quad \cdots \text{㉡}$$

㉠과 ㉡에서 $\cos(\angle \mathrm{ABC}) + \cos(\angle \mathrm{AEC}) = 0$이므로

$$-\dfrac{t^2}{12} + \dfrac{13}{12} + \dfrac{x^2 + x^2 - t^2}{2 \times x \times x} = 0$$

삼각형 ABC에서 코사인법칙을 이용하면

$$\overline{\mathrm{AB}}^2 = \overline{\mathrm{AC}}^2 + \overline{\mathrm{BC}}^2 - 2 \times \overline{\mathrm{AC}} \times \overline{\mathrm{BC}} \times \cos\theta$$

$$9 = t^2 + 4 - 2 \times t \times 2 \times \cos 60\degree$$

$$t^2 - 2t - 5 = 0$$

$$t = 1 + \sqrt{6}$$

대입하여 정리하면

$$x^2 = 3 + \sqrt{6}$$

이다.

60 정답 ①

서로 닮은 도형인 직각삼각형 BCF와 직각삼각형 EDF에서

$\overline{\mathrm{BC}} : \overline{\mathrm{CF}} = \overline{\mathrm{ED}} : \overline{\mathrm{DF}} \to 3 : 4 = \overline{\mathrm{ED}} : 1$

$\therefore \overline{\mathrm{ED}} = \dfrac{3}{4}$

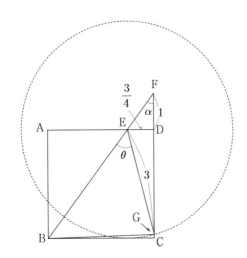

직각삼각형 EDG에서 $\overline{\mathrm{EG}} = 3$이므로

$$\overline{\mathrm{DG}} = \sqrt{\overline{\mathrm{EG}}^2 - \overline{\mathrm{ED}}^2}$$

$$= \sqrt{3^2 - \left(\dfrac{3}{4}\right)^2} = \sqrt{9 - \dfrac{9}{16}} = \dfrac{3}{4}\sqrt{15}$$

따라서 $\overline{\mathrm{FG}} = \overline{\mathrm{FD}} + \overline{\mathrm{DG}} = 1 + \dfrac{3}{4}\sqrt{15}$

$\angle \mathrm{BEG} = \theta$, $\angle \mathrm{EFG} = \alpha$라 하면

삼각형 BFC에서 $\overline{\mathrm{BF}} = 5$이므로 $\sin\alpha = \dfrac{3}{5}$

삼각형 FEG에서 사인법칙을 적용하면

$$\dfrac{\overline{\mathrm{EG}}}{\sin\alpha} = \dfrac{\overline{\mathrm{FG}}}{\sin(\pi - \theta)} \longrightarrow$$

$$\dfrac{3}{\dfrac{3}{5}} = \dfrac{1 + \dfrac{3}{4}\sqrt{15}}{\sin\theta} \longrightarrow 5\sin\theta = 1 + \dfrac{3}{4}\sqrt{15}$$

따라서 $\sin(\angle \mathrm{BEG}) = \sin\theta = \dfrac{1}{5} + \dfrac{3}{20}\sqrt{15}$

[다른 풀이]–서영만T

$\angle \mathrm{AEB} = \theta_1$, $\angle \mathrm{DEG} = \theta_2$, $\angle \mathrm{BEC} = \theta$라 하면

$\theta = \pi - (\alpha + \beta)$

삼각형 EAB에서 $\overline{\mathrm{EB}} = \dfrac{15}{4}$이므로

$$\sin\theta_1 = \dfrac{3}{\dfrac{15}{4}} = \dfrac{4}{5}, \quad \cos\theta_1 = \dfrac{3}{5}$$

삼각형 EDG에서 $\overline{\mathrm{DG}} = \dfrac{3}{4}\sqrt{15}$, $\overline{\mathrm{EG}} = 3$이므로

$$\sin\theta_2 = \dfrac{\dfrac{3}{4}\sqrt{15}}{3} = \dfrac{\sqrt{15}}{4}, \quad \cos\theta_2 = \dfrac{\dfrac{3}{4}}{3} = \dfrac{1}{4}$$

따라서

$$\sin\theta = \sin(\pi - (\theta_1 + \theta_2))$$

$$= \sin(\theta_1 + \theta_2) = \sin\theta_1 \cos\theta_2 + \cos\theta_1 \sin\theta_2$$

$$= \dfrac{4}{5} \times \dfrac{1}{4} + \dfrac{3}{5} \times \dfrac{\sqrt{15}}{4}$$

$$= \dfrac{1}{5} + \dfrac{3}{20}\sqrt{15}$$

61 정답 ②

$\overline{\mathrm{AB}} = a$, $\overline{\mathrm{BC}} = b$, $\overline{\mathrm{CD}} = c$라 두자. 그리고 선분 OC와 선분 BD를 그으면 다음 그림과 같다.

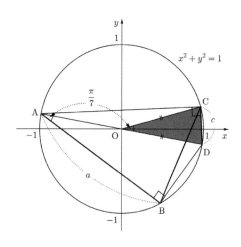

$\overline{AD}$는 원의 지름이므로 $\overline{AD}=2$이다. 따라서

$a=2\cos\dfrac{\pi}{7}$ $\cdots$ ㉠이다.

$\angle ADC$는 호 AC의 원주각이므로 $\angle ABC=\dfrac{3}{7}\pi$와 같고

$\angle ACD=\dfrac{\pi}{2}$이므로 $c=2\cos\dfrac{3}{7}\pi$ $\cdots$ ㉡이다.

그리고 $\triangle ODC$는 이등변삼각형이므로

$\angle ADC=\angle OCD=\dfrac{3}{7}\pi$이므로

$\angle COD=\dfrac{\pi}{7}$이다.

이제 $\triangle ODC$에 코사인법칙을 적용하면 $c^2=2-2\cos\dfrac{\pi}{7}$이다.

㉠을 대입하여 정리하면 $a=2-c^2$ $\cdots$ ㉢

$\overline{AD}$와 $\overline{BC}$의 교점을 H라 두고 선분 OB를 그으면 다음 그림과 같다.

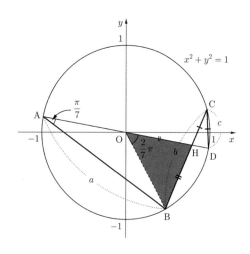

b를 구하기 위하여 $\overline{BH}$와 $\overline{CH}$를 구해보도록 하자.

1) $\overline{CH}$의 값

우선 $\triangle CHD$에서 $\angle D$는 호 AC의 원주각이므로 $\dfrac{3}{7}\pi$이다.

그리고 $\angle C$는 호 BD의 원주각이므로 $\dfrac{\pi}{7}$이다. 따라서

$\angle CHD=\dfrac{3}{7}\pi$ 이므로 $\triangle CHD$는 이등변삼각형이 된다. 따라서

$\overline{CH}=c$이다.

2) $\overline{BH}$의 값

$\triangle OAB$는 $\overline{OA}$와 $\overline{OB}$가 주어진 원의 반지름과 같으므로

이등변삼각형이다. 따라서 $\angle OBA=\dfrac{\pi}{7}$이다. 그러므로

$\angle OBC=\dfrac{2}{7}\pi$이다. 그런데 $\angle BOD$는 호 BD의 중심각이므로

$\dfrac{2}{7}\pi$이다. 즉, $\triangle OBH$는 양 끝각이 같으므로 이등변삼각형이다.

따라서 $\overline{OH}=\overline{BH}$이다.

이제 $\triangle ABH$를 보도록 하자. 우선 $\angle A$와 $\angle B$는 각각

$\dfrac{\pi}{7}$, $\dfrac{3}{7}\pi$라고 문제에 주어져있다.

따라서 $\angle AHB=\dfrac{3}{7}\pi$이다. 양 끝각이 같으므로 $\triangle ABH$는

이등변삼각형이 된다. 그러므로 $\overline{AH}=a$이다. 그런데

$\overline{OA}=1$이므로 $\overline{OH}=a-1$이다. 즉, $\overline{BH}=\overline{OH}=a-1$

1), 2)에 의해 $b=a+c-1$ $\cdots$ ㉣이 된다.

㉣에 ㉢을 대입하여 정리하면 $b=-c^2+c+1$이 된다. 이 식에

㉡의 식을 각 변끼리 곱하고, c를 양변에 곱하면

$abc=c(2-c^2)(-c^2+c+1)$ $\cdots$ ㉤

$\overline{BH}$를 다른 방법으로도 구해보자. $\triangle ABH$에서 $\overline{BH}$를 구해보면

$\overline{BH}=2a\cos\dfrac{3}{7}\pi$이다. ㉡을 대입하면 $\overline{BH}=ac$이고

$a-1=ac$에서 a에 대해 정리하면 $a=\dfrac{1}{1-c}$이다. ㉢을

대입하여 정리하면 $(1-c)(2-c^2)=1$이 된다. 이제 ㉤을

변형해보면 $abc=c(2-c^2)(-c^2+c)+c(2-c^2)$
$\qquad\qquad =c^2(2-c^2)(1-c)+c(2-c^2)$

$(1-c)(2-c^2)=1$이므로 $abc=c^2+c(2-c^2)=-c^3+c^2+2c$

$(1-c)(2-c^2)=c^3-c^2-2c+2=1$이므로

$-c^3+c^2+2c=2-1=1$이다. 따라서

$\overline{AB}\times\overline{BC}\times\overline{CD}=abc=1$이다.

[다른 풀이]–1

$\overline{AB}=a$, $\overline{BC}=b$, $\overline{CD}=c$라 두고 각각을 따로 구해보도록 한다.
삼각형의 넓이를 구하는 방법으로 접근하도록 한다.

1) a의 값

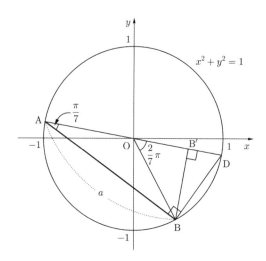

위 그림에서 △ABD는 직각삼각형이므로 넓이는 $\dfrac{a}{2} \times \overline{BD}$이다.

그리고 $\overline{BD} = 2\sin\dfrac{\pi}{7}$이므로 △ABD의 넓이는 $a\sin\dfrac{\pi}{7}$ ··· ①.

그리고 선분 BB'는 △ABD의 높이이므로 △ABD의 넓이는 $\dfrac{1}{2} \times 2 \times \overline{BB'}$이다. 그리고 $\overline{BB'} = \sin\dfrac{2}{7}\pi$이므로 △ABD의 넓이는 $\sin\dfrac{2}{7}\pi$ ··· ②이다.

①과 ②가 같으므로 $a = \dfrac{\sin\dfrac{2}{7}\pi}{\sin\dfrac{\pi}{7}}$이다.

2) b의 값

직선 OC가 주어진 원과 만나는 점 C가 아닌 점을 C'라 하자.

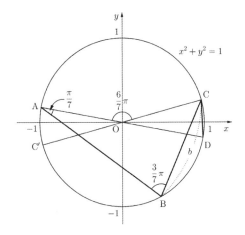

위 그림에서 ∠ABC와 ∠AOC는 각각 호 AC의 원주각과 중심각을 나타낸다. ∠C'OD는 ∠AOC의 맞꼭지각이므로 ∠C'OD $= \dfrac{6}{7}\pi$이다. 이 각은 호 C'D의 중심각이므로 호 C'D의 원주각인 ∠C'CD $= \dfrac{3}{7}\pi$이다. 그리고 ∠BCD는 호 BD의 원주각이므로 ∠BCD $= \dfrac{\pi}{7}$. 따라서 ∠C'CB $=$ ∠C'CD $-$ ∠BCD $= \dfrac{2}{7}\pi$이다. 이제 △CC'D를 그려보도록 하자.

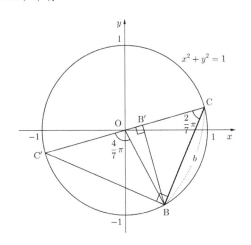

위 그림에서 △CC'D는 직각삼각형이므로 넓이는

$\dfrac{b}{2} \times \overline{BC'}$이다. 그리고 $\overline{BC'} = 2\sin\dfrac{2}{7}\pi$이므로 △CC'D의 넓이는 $b\sin\dfrac{2}{7}\pi$ ··· ③. 그리고 선분 BB'는 △CC'D의 높이이므로 △CC'D의 넓이는 $\dfrac{1}{2} \times 2 \times \overline{BB'}$이다.

∠BOC $= \dfrac{3}{7}\pi$이므로 $\overline{BB'} = \sin\dfrac{3}{7}\pi$이다.

따라서 △CC'D의 넓이는 $\sin\dfrac{3}{7}\pi$ ··· ④이다. ③과 ④가

같으므로 $b = \dfrac{\sin\dfrac{3}{7}\pi}{\sin\dfrac{2}{7}\pi}$이다.

3) c의 값 구하기

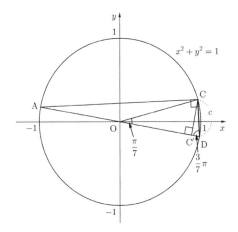

위 그림에서 △ADC는 직각삼각형이므로 넓이는 $\dfrac{c}{2} \times \overline{AC}$이다.

그리고 $\overline{AC} = 2\sin\dfrac{3}{7}\pi$이므로 △ADC의 넓이는

$c\sin\dfrac{3}{7}\pi$ ··· ⑤. 그리고 선분 CC'는 △ADC의 높이이므로

△ADC의 넓이는 $\dfrac{1}{2} \times 2 \times \overline{CC'}$이다. 그리고

$\overline{CC'} = \sin\dfrac{\pi}{7}$이므로 △ADC의 넓이는 $\sin\dfrac{\pi}{7}$ ··· ⑥이다. ⑤와

⑥이 같으므로 $c = \dfrac{\sin\dfrac{\pi}{7}}{\sin\dfrac{3}{7}\pi}$이다.

1), 2), 3)에 의하여 $abc = \dfrac{\sin\dfrac{2}{7}\pi}{\sin\dfrac{\pi}{7}} \times \dfrac{\sin\dfrac{3}{7}\pi}{\sin\dfrac{2}{7}\pi} \times \dfrac{\sin\dfrac{\pi}{7}}{\sin\dfrac{3}{7}\pi} = 1$

[다른 풀이]-2

호 BC에 대한 중심각 ∠BOC $= \dfrac{3}{7}\pi$이므로 원주각

∠BAC $= \dfrac{3}{14}\pi$이다.

따라서 이등변 삼각형 OAC에서 ∠OAC $=$ ∠OCA $= \dfrac{\pi}{14}$이다.

그러므로 $\angle \text{ACB} = \dfrac{\pi}{14} + \dfrac{2}{7}\pi = \dfrac{5}{14}\pi$

$\left(\because \angle \text{OBC} = \angle \text{OCB} = \dfrac{2}{7}\pi \right)$

삼각형 ABC에서 $\dfrac{\overline{\text{AB}}}{\sin(\angle \text{ACB})} = \dfrac{\overline{\text{AB}}}{\sin \dfrac{5}{14}\pi} = 2$

(사인법칙)이므로

$\overline{\text{AB}} = 2\sin \dfrac{5}{14}\pi = 2\cos\left(\dfrac{\pi}{2} - \dfrac{5}{14}\pi \right)$

$= 2\cos \dfrac{\pi}{7} = \dfrac{2\cos \dfrac{\pi}{7} \sin \dfrac{\pi}{7}}{\sin \dfrac{\pi}{7}} = \dfrac{\sin \dfrac{2}{7}\pi}{\sin \dfrac{\pi}{7}}$

삼각형 ABC에서 $\dfrac{\overline{\text{BC}}}{\sin(\angle \text{BAC})} = \dfrac{\overline{\text{BC}}}{\sin \dfrac{3}{14}\pi} = 2$이므로

$\overline{\text{BC}} = 2\sin \dfrac{3}{14}\pi = 2\cos\left(\dfrac{\pi}{2} - \dfrac{3}{14}\pi \right)$

$= 2\cos \dfrac{2}{7}\pi = \dfrac{2\cos \dfrac{2}{7}\pi \sin \dfrac{2}{7}\pi}{\sin \dfrac{2}{7}\pi} = \dfrac{\sin \dfrac{4}{7}\pi}{\sin \dfrac{2}{7}\pi}$

삼각형 ACD에서 $\dfrac{\overline{\text{CD}}}{\sin(\angle \text{DAC})} = \dfrac{\overline{\text{CD}}}{\sin \dfrac{\pi}{14}} = 2$이므로

$\overline{\text{CD}} = 2\sin \dfrac{\pi}{14} = 2\cos\left(\dfrac{\pi}{2} - \dfrac{\pi}{14} \right)$

$= 2\cos \dfrac{3}{7}\pi = \dfrac{2\cos \dfrac{3}{7}\pi \sin \dfrac{3}{7}\pi}{\sin \dfrac{3}{7}\pi} = \dfrac{\sin \dfrac{6}{7}\pi}{\sin \dfrac{3}{7}\pi}$

따라서

$\overline{\text{AB}} \times \overline{\text{BC}} \times \overline{\text{CD}} = \dfrac{\sin \dfrac{2}{7}\pi}{\sin \dfrac{\pi}{7}} \times \dfrac{\sin \dfrac{4}{7}\pi}{\sin \dfrac{2}{7}\pi} \times \dfrac{\sin \dfrac{6}{7}\pi}{\sin \dfrac{3}{7}\pi}$

$= \dfrac{\sin \dfrac{2}{7}\pi}{\sin \dfrac{\pi}{7}} \times \dfrac{\sin \dfrac{3}{7}\pi}{\sin \dfrac{2}{7}\pi} \times \dfrac{\sin \dfrac{\pi}{7}}{\sin \dfrac{3}{7}\pi} = 1$

62 정답 3

$ax = \theta$라면 $0 \le \theta < n\pi$이고
$\sin^2 ax = \sin^2 \theta = 1 - \cos^2 \theta = 1 - |\cos \theta|^2$
이므로 $|\cos ax| = t$라면 $0 \le \theta < n\pi$일 때 $0 \le t \le 1$이고
주어진 부등식은
$2(1 - t^2) - kt + 3 \le 0$
$2t^2 + kt - 5 \ge 0$
다음은 $n = 2$일 때 $y = |\cos x|$ $(0 \le x < 2\pi)$의 그래프이다.

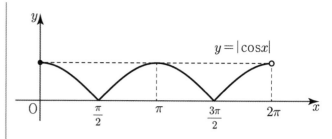

위의 그래프에서 주어진 부등식을 만족하는 실수해가 범위가
아닌 개수로 2가 되기 위해서는
$t = 1$ 또는 $t = 0$이다.

마찬가지로 실수해가 n개 존재하려면 이차방정식
$2t^2 + kt - 5 = 0$
t가 될 수 있는 값은 1만 되거나 또는 0만 되는 것인데
$t = 0$이면 두 근의 곱이 $-\dfrac{5}{2}$라는 조건에 모순이다.

따라서 $t = 1$이 되며 두 근의 곱이 $-\dfrac{5}{2}$이므로 다른 한 값은
$-\dfrac{5}{2}$이면 된다.

즉, $2t^2 + kt - 5 = 0$의 두 근이 $t = 1$과 $t = -\dfrac{5}{2}$이어야 한다.

그러므로 근과 계수의 관계에서 $-\dfrac{k}{2} = 1 - \dfrac{5}{2} = -\dfrac{3}{2}$

따라서 $k = 3$

63 정답 ②

$y = a\cos\left(x - \dfrac{\pi}{3} \right) + b$의 그래프는 $y = a\cos x$의 그래프를

x축으로 $\dfrac{\pi}{3}$만큼, y축의 방향으로 b만큼 평행이동한

그래프이다.
$y = a\cos x$의 그래프는 $x = \pi$에서 최솟값 $-a$를 가지므로
$y = a\cos\left(x - \dfrac{\pi}{3} \right) + b$의 그래프는 $x = \dfrac{4}{3}\pi$에서 최솟값
$-a + b$을 갖는다.

따라서 $f(x) = \left| a\cos\left(x - \dfrac{\pi}{3} \right) + b \right|$가 $y = k$와

$0 \le x < 2\pi$에서 세 점에서 만나고 교점의 x좌표인 α가 최소일

때는 다음 그림과 같이 교점의 x좌표가 $\alpha = 0$, $\gamma = \dfrac{4}{3}\pi$일 때다.

이때 $\beta = \dfrac{2}{3}\pi$이다.

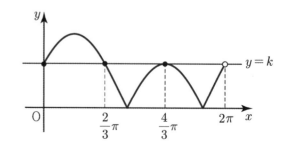

따라서 $f(0)=f\left(\dfrac{2}{3}\pi\right)=f\left(\dfrac{4}{3}\pi\right)$

$\dfrac{1}{2}a+b=|-a+b|$

$\dfrac{1}{2}a+b=a-b \ (\because a\geq b)$

$\therefore \ b=\dfrac{1}{4}a,\ \alpha=0,\ \beta=\dfrac{2}{3}\pi,\ \gamma=\dfrac{4}{3}\pi$이다.

그러므로

$\left(\dfrac{1}{2}a-\dfrac{\gamma}{\beta}\right)\times b$

$=\left(\dfrac{1}{2}a-2\right)\times\dfrac{1}{4}a$

$=\dfrac{1}{8}a^2-\dfrac{1}{2}a$

$=\dfrac{1}{8}(a^2-4a)$

$=\dfrac{1}{8}(a-2)^2-\dfrac{1}{2} \ (1\leq a\leq 4)$

$a=2$일 때, $m=-\dfrac{1}{2}$

$a=4$일 때, $M=0$

따라서 $\dfrac{1}{M-m}=\dfrac{1}{\dfrac{1}{2}}=2$이다.

64 정답 ①

[그림 : 최성훈T]

$\angle\mathrm{BAC}=\theta$라 하자.

삼각형 ABC의 외접원의 반지름의 길이를 R_1이라 하면

$\dfrac{\overline{\mathrm{BC}}}{\sin\theta}=2R_1,\ R_1=\dfrac{\overline{\mathrm{BC}}}{2\sin\theta}$

삼각형 ADE의 외접원의 반지름의 길이를 R_2이라 하면

$\dfrac{\overline{\mathrm{DE}}}{\sin\theta}=2R_2,\ R_2=\dfrac{\overline{\mathrm{DE}}}{2\sin\theta}$

삼각형 ABC의 외접원의 넓이와 삼각형 ADE의 외접원 넓이의 차가 π이므로

$R_1^2-R_2^2=1$이다.

$\dfrac{\overline{\mathrm{BC}}^2}{4\sin^2\theta}-\dfrac{\overline{\mathrm{DE}}^2}{4\sin^2\theta}=1$

$\therefore \ \overline{\mathrm{BC}}^2-\overline{\mathrm{DE}}^2=4\sin^2\theta$이다. $\cdots\ominus$

한편,

삼각형 ABC에서 코사인법칙을 적용하면

$\overline{\mathrm{BC}}^2=4+1-2\times2\times1\times\cos\theta$

$\qquad\ =5-4\cos\theta$

직각삼각형 CAE에서 $\overline{\mathrm{AE}}=\cos\theta$, 직각삼각형 BAD에서

$\overline{\mathrm{AD}}=2\cos\theta$이다.

삼각형 ADE에서 코사인법칙을 적용하면

$\overline{\mathrm{DE}}^2=\cos^2\theta+4\cos^2\theta-2\times\cos\theta\times2\cos\theta\times\cos\theta$

$\qquad\ =5\cos^2\theta-4\cos^3\theta$

$\qquad\ =\cos^2\theta(5-4\cos\theta)$

$\ominus$에서

$\overline{\mathrm{BC}}^2-\overline{\mathrm{DE}}^2=(5-4\cos\theta)(1-\cos^2\theta)=4(1-\cos^2\theta)$

$5-4\cos\theta=4$

$4\cos\theta=1$

$\therefore \ \cos\theta=\dfrac{1}{4}$

그러므로

$\sin(\angle\mathrm{BAC})=\dfrac{\sqrt{15}}{4}$ 이다.

65 정답 391

각 구간의 $f(x)$를 구해보자.

$$f(x)=\begin{cases}\sin2\pi x \ (0\leq x<1)\\[4pt]\sin4\pi x \ \left(1\leq x<\dfrac{3}{2}\right)\\[4pt]\sin8\pi x \ \left(\dfrac{3}{2}\leq x<\dfrac{7}{4}\right)\\[4pt]\ \ \vdots \qquad\qquad \vdots\end{cases}$$

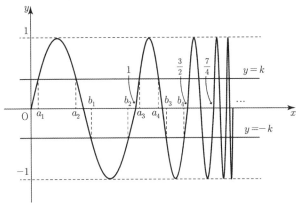

그림에서

$c_n=a_{2n-1}+a_{2n}+b_{2n-1}+b_{2n}$이라 하면

$c_1=a_1+a_2+b_1+b_2=(a_1+b_2)+(a_2+b_1)$

$\qquad\quad =(4\times0)+(2\times1)=2$

$c_2=a_3+a_4+b_3+b_4=(a_3+b_4)+(a_4+b_3)$

$\qquad\quad =(4\times1)+\left(2\times\dfrac{1}{2}\right)=5$

$c_3=a_5+a_6+b_5+b_6=(a_5+b_6)+(a_6+b_5)$

$\qquad\quad =\left\{4\times\left(1+\dfrac{1}{2}\right)\right\}+\left(2\times\dfrac{1}{4}\right)=\dfrac{13}{2}$

따라서 $c_n=8-8\left(\dfrac{1}{2}\right)^{n-1}+\left(\dfrac{1}{2}\right)^{n-2}$

$\qquad\quad =8-3\left(\dfrac{1}{2}\right)^{n-2}$

$\cdots \qquad \cdots$

$\therefore \ \displaystyle\sum_{n=1}^{100}(a_n+b_n)=\sum_{n=1}^{50}c_n=\sum_{n=1}^{50}8-\left\{3\left(\dfrac{1}{2}\right)^{n-2}\right\}$

$$= 400 - 3 \sum_{n=1}^{50} \left(\frac{1}{2}\right)^{n-2}$$

$$= 400 - 3 \frac{2\left(1 - \frac{1}{2^{50}}\right)}{1 - \frac{1}{2}}$$

$$= 388 + 12\left(\frac{1}{2}\right)^{50} = 388 + 3\left(\frac{1}{2}\right)^{48}$$

$\therefore$ $p = 388$, $q = 3$이므로 $p + q = 391$

66 정답 47

[그림 : 최성훈T]

a가 최대인 상황에서는 그림과 같이 $\left|a\cos x - 1\right| > \frac{1}{2}a + 4$의

해가 $\alpha < x < \beta$이기 위해서는 $a - 1 \le \frac{1}{2}a + 4 < a + 1$이

성립해야 한다.

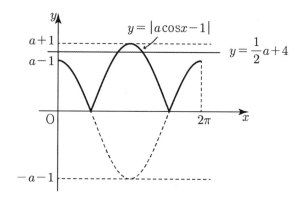

$2a - 2 \le a + 8 < 2a + 2$

즉, $6 < a \le 10$

따라서 $M = 10$이고 $a = 10$일 때

$f(x) = 10\cos x - 1$이고

$\left|f(x)\right| > 9$의 해 $\alpha < x < \beta$에서 $x = \alpha$, $x = \beta$는

$f(x) = -9$의 해와 같다.

따라서

$10\cos x - 1 = -9$

$\cos x = -\frac{4}{5}$

즉, $\frac{\pi}{2} < \alpha < \pi$, $\pi < \beta < \frac{3}{2}\pi$이고 $\sin\alpha = \frac{3}{5}$,

$\tan\beta = \frac{3}{4}$이다.

그러므로

$\sin\alpha + \tan\beta = \frac{3}{5} + \frac{3}{4} = \frac{27}{20}$

$p = 20$, $q = 27$이므로 $p + q = 47$이다.

67 정답 110

(나)에서 $\sin\theta = y$, $\cos\theta = x$라 놓으면 $0 \le \theta \le 2\pi$인 θ에

대하여

$$x^2 + y^2 = 1, \quad ay + bx = a + b$$

을 만족하는 실수 x, y가 존재하므로

중심이 원점이고 반지름의 길이가 1인 원 $x^2 + y^2 = 1$과 직선

$ay + bx = a + b$ 이 만난다.

따라서, 원점에서 직선 $ay + bx - (a + b) = 0$까지의 거리는

1보다 작거나 같다.

즉, $\dfrac{|a + b|}{\sqrt{a^2 + b^2}} \le 1$

양변을 제곱하여 정리하면 $ab \le 0$

(다)에서 0이 아닌 정수 a, b에 대하여

$\sin a > 0$이면 $\sin(-a) < 0$이고

$\cos b > 0$이면 $\cos(-b) > 0$이다.

이제 $0 < a \le 10$, $0 < b \le 10$인 정수 a, b에 대하여

다음 수직선의 위치를 통해 $\sin a$, $\cos b$의 부호를 알 수 있다.

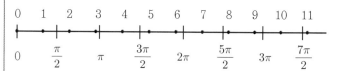

$\sin a > 0$인 a를 구하면 1, 2, 3, 7, 8, 9이고

$\cos b > 0$인 b를 구하면 1, 5, 6, 7

다음의 표는 각각에 대한 만족하는 개수이다.

	$a > 0$	$a < 0$
$\sin a > 0$	6개	4개
$\sin a < 0$	4개	6개

	$b > 0$	$b < 0$
$\cos b > 0$	4개	4개
$\cos b < 0$	6개	6개

(가), (나), (다)에서

$|a| \le 10$, $|b| \le 10$인 정수이고, $ab \le 0$, $\sin a \times \cos b < 0$을

만족하는 경우는

(i) $a = 0$이면 (다)를 만족하지 않으므로 $a \ne 0$이다.

$b = 0$이면 $\sin a < 0$이므로 10개다.

(ii) $a > 0$, $b < 0$인 경우는

$\sin a > 0$, $\cos b < 0$인 경우가 $6 \times 6 = 36$개

$\sin a < 0$, $\cos b > 0$인 경우가 $4 \times 4 = 16$개

(iii) $a < 0$, $b > 0$인 경우는

$\sin a > 0$, $\cos b < 0$인 경우가 $4 \times 6 = 24$개

$\sin a < 0$, $\cos b > 0$인 경우가 $6 \times 4 = 24$개

(i), (ii), (iii)에서

$10 + 36 + 16 + 24 + 24 = 110$

[다른 풀이]–유승희T
양변을 제곱하여 정리하면 $ab \le 0$

(다)에서 $\sin a \times \cos b < 0$을 만족하는 개수는

(i) $a = 0$이면 (다)를 만족하는 경우는 없다.

　$b = 0$이면 $\sin a < 0$인 $|a| \le 10$인 정수 a에 대하여

　$\sin a > 0$ 또는 $\sin a < 0$ 중 하나이다.

　따라서, 10개다.

(ii) 정수 a에 대하여 $\sin a > 0$ 또는 $\sin a < 0$이고

　$\cos b > 0$ 또는 $\cos b < 0$이다.

　따라서, 각각의 자연수 p, q에 대하여

$\sin p \times \sin(-p) < 0$, $\cos q \times \cos(-q) > 0$

$\{\sin p \times \cos(-q)\} \times \{\sin(-p) \times \cos q\} < 0$

$(p, -q)$, $(-p, q)$ 중 하나만 문제의 조건을 만족한다.

따라서, p, q의 가짓수가 각각 10개이므로

$10 \times 10 = 100$

(i), (ii)에서 $10 + 100 = 110$

68 정답 31

원의 넓이가 25π이므로 원의 반지름의 길이는 5이다.

삼각형 ABC에서 사인 법칙을 적용하면

$\dfrac{\overline{BC}}{\sin(\angle BAC)} = 2R$ 에서 $\overline{BC} = 2 \times 5 \times \sin\dfrac{\pi}{6} = 5$

삼각형 CPQ에서 사인법칙을 적용하면

$\dfrac{\sqrt{3}}{\sin(\angle PCQ)} = \dfrac{\overline{QC}}{\sin(\angle CPQ)}$

따라서

$\overline{QC} = \dfrac{\sqrt{3}}{\sin(\angle PCQ)} \times \sin(\angle CPQ)$

$\sin(\angle PCQ) = \sin(\angle ACB) = \dfrac{\overline{AB}}{2R} = \dfrac{\sqrt{3}}{5}$ 이다.

따라서 $\overline{QC} = 5 \times \sin(\angle CPQ)$

$\overline{QC}$가 최대일 때는 $\sin(\angle CPQ) = 1$,

즉 $\angle CPQ = \dfrac{\pi}{2}$ 일 때다.

따라서 다음 그림과 같이 $\overline{BC} = 5$이므로 Q'가 B일 때,

$\overline{QC} \le \overline{BC} = 5$이므로 Q'에서 선분 AC에 내린 수선의 발이

P'이다.

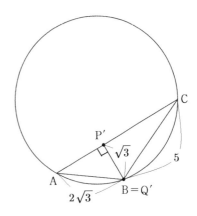

직각삼각형 ABP'에서 $\overline{AP'} = \sqrt{(2\sqrt{3})^2 - (\sqrt{3})^2} = 3$

직각삼각형 CBP'에서 $\overline{P'C} = \sqrt{5^2 - (\sqrt{3})^2} = \sqrt{22}$

$\left(\dfrac{\overline{P'C}}{\overline{AP'}}\right)^2 = \left(\dfrac{\sqrt{22}}{3}\right)^2 = \dfrac{22}{9}$

$p = 9$, $q = 22$이므로 $p + q = 31$

[다른 풀이]

삼각형 ABC에서 코사인법칙을 적용하면

$\overline{BC}^2 = \overline{AC}^2 + \overline{AB}^2 - 2\,\overline{AC}\,\overline{AB}\cos\dfrac{\pi}{6}$ 에서 $\overline{AC} = x$ 라 두면

$25 = x^2 + 12 - 2 \times x \times 2\sqrt{3} \times \dfrac{\sqrt{3}}{2}$

$x^2 - 6x - 13 = 0$

$x = 3 \pm \sqrt{22}$

$x > 0$이므로 $x = \overline{AC} = 3 + \sqrt{22}$ 이다

$\overline{QC} = \dfrac{\sqrt{3}}{\sin(\angle PCQ)} \times \sin(\angle CPQ)$에서

$\overline{QC}$는 $\angle CPQ = \dfrac{\pi}{2}$ 일 때 최대이다.

직각삼각형 ABP'에서

$\overline{AB} = 2\sqrt{3}$, $\overline{BP'} = \overline{Q'P'} = \overline{PQ} = \sqrt{3}$ 이므로

$\overline{AP'} = 3$이다.

$\overline{AC} = 3 + \sqrt{22}$ 이므로 $\overline{P'C} = \sqrt{22}$

$\left(\dfrac{\overline{P'C}}{\overline{AP'}}\right)^2 = \left(\dfrac{\sqrt{22}}{3}\right)^2 = \dfrac{22}{9}$

$p = 9$, $q = 22$이므로 $p + q = 31$

69 정답 43

선분 AC 와 원이 만나는 점을 D 라 하자.

$\overline{AD}$ 가 지름이므로 $\angle ABD = \dfrac{\pi}{2}$ 이다.

$\angle OAB = \theta$ 라 하면 문제의 조건에서 $\sin\theta = \dfrac{1}{4}$,

$\cos\theta = \sqrt{1 - \sin^2\theta} = \dfrac{\sqrt{15}}{4}$ 이고 $\overline{AD} = 4$,

$\overline{BD} = \overline{AD}\sin\theta = 1$, $\overline{AB} = \overline{AD}\cos\theta = \sqrt{15}$ 이다.

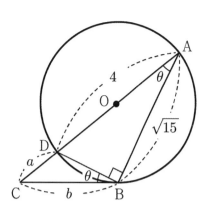

또한, $\angle BDC = \dfrac{\pi}{2}+\theta$ 이고 접선과 현이 이루는 각은 현에 대한 원주각과 같으므로 $\angle DBC = \theta$ 이다.

$\overline{CD}=a$, $\overline{BC}=b$ 라 놓고 $\triangle BCD$ 에서 사인법칙을 이용하면

$$\dfrac{a}{\sin\theta}=\dfrac{b}{\sin\left(\dfrac{\pi}{2}+\theta\right)}$$

$$\therefore\ b=\sqrt{15}\,a\quad\left(\because\ \sin\left(\dfrac{\pi}{2}+\theta\right)=\cos\theta\right)\ \cdots\ \bigcirc$$

또한 $\overline{CD}\times\overline{CA}=\overline{CB}^2$ 이므로 $a(a+4)=b^2\ \cdots\ \bigcirc$

$\bigcirc$, $\bigcirc$ 에서 $a^2+4a=15a^2 \Rightarrow a=\dfrac{2}{7}$

$$\therefore\ (\triangle ABC\ \text{의 넓이})=\dfrac{1}{2}\times\overline{AC}\times\overline{AB}\times\sin\theta$$

$$=\dfrac{1}{2}\left(4+\dfrac{2}{7}\right)\times\sqrt{15}\times\dfrac{1}{4}=\dfrac{15}{28}\sqrt{15}$$

따라서 $p=28$, $q=15$ $\therefore\ p+q=43$

[랑데뷰팁] −닮음 이용

$\triangle BCD=S$

$\triangle ABD=14S$

$14S=\dfrac{\sqrt{15}}{2}$ 이므로 $S=\dfrac{\sqrt{15}}{28}$

따라서 $\triangle ABC=15S=\dfrac{15}{28}\sqrt{15}$

---

70 정답 ③

[그림 : 배용제T]

삼각형 ABC에서 $\overline{AB}=\overline{AC}=4$, $\cos A=-\dfrac{1}{8}$ 이므로 코사인법칙을 적용하면

$$\overline{BC}^2=4^2+4^2-2\times4\times4\times\left(-\dfrac{1}{8}\right)=36$$

$$\therefore\ \overline{BC}=6$$

직선 AD는 변 BC를 수직이등분 하므로 $\overline{BD}=3$,

$\angle ADB=\dfrac{\pi}{2}$ 이다.

직각삼각형 ABD에서 피타고라스 정리를 적용하면 $\overline{AD}=\sqrt{7}$

점 G는 삼각형 ABC의 두 중선의 교점이므로 삼각형 ABC의 무게중심이다.

따라서 $\overline{AG}:\overline{DG}=2:1$ 에서 $\overline{AG}=\dfrac{2}{3}\sqrt{7}$, $\overline{DG}=\dfrac{\sqrt{7}}{3}$ 이다.

$\angle ABD=\theta$ 라 두면 $\cos\theta=\dfrac{3}{4}$ 이고

$\angle BAD=\angle FAG=\dfrac{\pi}{2}-\theta$

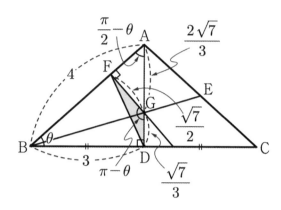

직각삼각형 AFG에서 $\sin\left(\dfrac{\pi}{2}-\theta\right)=\dfrac{\overline{FG}}{\overline{AG}}$

$\cos\theta=\dfrac{\overline{FG}}{\dfrac{2}{3}\sqrt{7}}=\dfrac{3}{4}$ 에서 $\overline{FG}=\dfrac{\sqrt{7}}{2}$

사각형 BDGF에서 $\angle FGD=\pi-\theta$

따라서 삼각형 GFD의 넓이는

$$\dfrac{1}{2}\times\dfrac{\sqrt{7}}{2}\times\dfrac{\sqrt{7}}{3}\times\sin(\pi-\theta)$$

$$=\dfrac{7}{12}\times\dfrac{\sqrt{7}}{4}=\dfrac{7}{48}\sqrt{7}$$

[랑데뷰팁]

삼각형 ABD에서 삼각형 AFD와 삼각형 BFD의 넓이비는 $\overline{AF}:\overline{BF}$ 이고 삼각형 AFD에서 삼각형 AFG와 삼각형 DFG의 넓이비는 $\overline{AG}:\overline{DG}=2:1$ 임을 이용하면 간단히 구할 수 있다.

---

71 정답 ④

직선 $y=-\dfrac{4}{3}x+4$ 의 x절편을 $E(3,0)$, y절편을 $F(0,4)$ 라 하자.

원점 O일 때 $\angle FEO=\theta$ 라 하자.

$\overline{EF}=5$, $\overline{OE}=3$, $\overline{OF}=4$ 이므로 $\sin\theta=\dfrac{4}{5}$, $\cos\theta=\dfrac{3}{5}$ 이다.

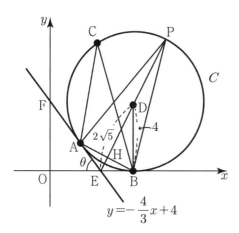

삼각형 AEB에서 $\overline{BE}=\overline{AE}=2$, $\angle AEB = \pi - \theta$이므로
코사인법칙을 적용하면

$$\overline{AB}= \sqrt{2^2+2^2-2\times 2\times 2\times \cos(\pi - \theta)}$$

$$= \sqrt{8+\frac{24}{5}} = \frac{8}{\sqrt 5}$$이다.

원 C의 중심을 D라 하면

사각형 DAEB에서 $\angle DAE = \frac{\pi}{2}$, $\angle DBE = \frac{\pi}{2}$,

$\angle AEB = \pi - \theta$이므로

$\angle ADB = \theta$이다.

네 점 D, A, E, B는 한 원 위에 있고 그 원의 지름의 길이가
$\overline{DE}$이므로

사인법칙을 적용하면

$$\frac{\overline{AB}}{\sin\theta}=\overline{DE} \rightarrow \frac{\frac{8}{\sqrt 5}}{\frac{4}{5}}=\overline{DE}$$

$$\therefore \overline{DE}=2\sqrt 5$$

직각삼각형 DEB에서 $\overline{DE}=2\sqrt 5$, $\overline{BE}=2$이므로

$$\overline{DB}= \sqrt{(2\sqrt 5)^2-2^2}=4$$

따라서 원 C의 반지름의 길이는 4이다.

한편, 선분 AB의 수직이등분선이 원 C와 만나는 점 중 점
A에서 더 먼 쪽을 점 P라 하면, 점 C가 점 P일 때 삼각형
넓이가 최대가 된다.

원의 중심 D에서 선분 AB에 내린 수선의 발을 H라 하면

$$\overline{DH}= \sqrt{4^2-\left(\frac{4}{\sqrt 5}\right)^2}=\frac{8}{\sqrt 5}$$

$$\overline{PH}=\overline{PD}+\overline{DH}=4+\frac{8}{\sqrt 5}$$이다.

따라서
삼각형 ABC의 넓이 ≤ 삼각형 ABP의 넓이

$$= \frac{1}{2}\times\overline{AB}\times\overline{PH}=\frac{1}{2}\times\frac{8}{\sqrt 5}\times\left(4+\frac{8}{\sqrt 5}\right)=\frac{16}{\sqrt 5}+\frac{32}{5}$$

$$= \frac{32+16\sqrt 5}{5}$$

72 정답 ③

[출제자 : 이현일T]

정육각형 ABCDEF의 내부와 정육각형 A′B′C′D′E′F′의
외부의 공통부분의 넓이를 T_1, 두 정육각형의 공통부분의
넓이를 T_2라 하면 다음 그림과 같다.

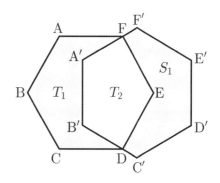

두 정육각형은 각각 변의 길이가 같으므로 넓이가 같다.
따라서

$$T_1 + T_2 = S_1 + T_2$$
$$\therefore S_1 = T_1$$

따라서 $S_1 - S_2$대신 $T_1 - S_2$를 구해도 된다.

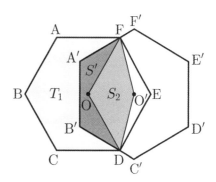

위 그림에서 다각형 A′B′DOF의 넓이를 S'라 하면

$$T_1 - S_2 = (T_1 + S') - (S_2 + S')$$

이다. 이제 각각의 넓이를 구해보도록 하자.

1) $T_1 + S'$의 넓이

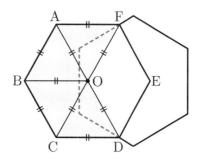

위 그림과 같이 정삼각형 4개의 넓이와 같다. 각 정삼각형은 한
변의 길이가 1이므로

$$T_1 + S' = 4\times\frac{\sqrt 3}{4}\times 1^2 = \sqrt 3$$

2) $S_2 + S'$의 넓이

문제의 조건에서 직선 OO'는 선분 $E'D'$를 수직이등분한다고 하였으므로 선분 $A'B'$또한 수직이등분한다. 또한, 직선 OO'와 직선 AF는 서로 평행하므로 직선 $A'B'$와 직선 AF는 서로 수직으로 만난다. 점 A'에서 선분 AF에 내린 수선의 발을 점 H, 점 O'에서 선분 $A'F'$에 내린 수선의 발을 점 H', 선분 $A'B'$의 중점을 점 M이라 하면 다음 그림과 같다.

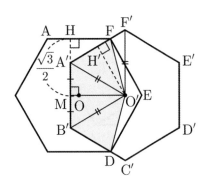

위 그림에서 $S_2 + S'$의 넓이는 정삼각형 $A'B'O'$의 넓이와 삼각형 $A'O'F$, 삼각형 $B'DO'$의 넓이의 합과 같다는 것을 알 수 있다.

선분 MH의 길이는 정삼각형 AOF의 높이와 같으므로
$$\overline{MH} = \frac{\sqrt{3}}{2}$$

그리고 선분 MA'의 길이는 $\frac{1}{2}$이므로
$$\overline{A'H} = \frac{\sqrt{3}-1}{2}$$

또한, 직각삼각형 $A'FH$에서 각 A'의 크기는 정육각형의 외각의 크기와 같으므로
$$\angle A' = 60°$$

따라서
$$\overline{A'F} = 2 \times \overline{A'H} = \sqrt{3}-1$$

그리고 선분 $O'H'$의 길이는 정삼각형 $A'O'F'$의 높이와 같으므로
$$\overline{O'H'} = \frac{\sqrt{3}}{2}$$

따라서
$$S_2 + S' = \triangle A'B'O' + \triangle A'O'F + \triangle B'DO'$$
$$= \frac{\sqrt{3}}{4} + 2 \times \frac{1}{2} \times (\sqrt{3}-1) \times \frac{\sqrt{3}}{2}$$
$$= \frac{\sqrt{3}}{4} + \frac{3-\sqrt{3}}{2} = \frac{6-\sqrt{3}}{4}$$

1), 2)에 의해
$$S_1 - S_2 = (T_1 + S') - (S_2 + S') = \sqrt{3} - \frac{6-\sqrt{3}}{4} = \frac{5\sqrt{3}-6}{4}$$

73 정답 ③

[그림 : 이정배T]

직선 AB와 직선 CD의 교점을 E라 하고 원 C_1의 중심을 O_1, 반지름의 길이를 r_1이라 하면 $\overline{CD}=6$, $\angle CAD = \frac{\pi}{6}$이므로 사인법칙에 의하여
$$\frac{\overline{CD}}{\sin(\angle CAD)} = 2r_1$$
$$\frac{6}{\frac{1}{2}} = 2r_1, \ r_1 = 6$$

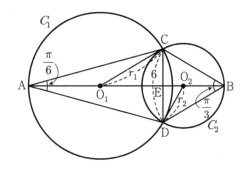

직각삼각형 CO_1E에서
$$\overline{O_1E} = \sqrt{\overline{O_1C}^2 - \overline{EC}^2} = \sqrt{6^2 - 3^2} = 3\sqrt{3}$$
삼각형 CDB는 한 변의 길이가 6인 정삼각형이므로
$$\overline{EB} = \overline{CB}\cos\frac{\pi}{6} = 6 \times \frac{\sqrt{3}}{2} = 3\sqrt{3}$$
즉, $\overline{AB} = \overline{AO_1} + \overline{O_1E} + \overline{EB} = 6(\sqrt{3}+1)$ ⋯㉠

한편
$$\angle CAB + \angle CBA = \frac{1}{2}\angle CAD + \frac{1}{2}\angle CBD = \frac{\pi}{12} + \frac{\pi}{6} = \frac{\pi}{4}$$
이므로
$$\angle ACB = \pi - \frac{\pi}{4} = \frac{3}{4}\pi$$이므로
$$\sin(\angle ACB) = \sin\frac{3}{4}\pi = \frac{\sqrt{2}}{2}$$ ⋯㉡
삼각형 ABC의 외접원의 반지름의 길이를 r라 하면 사인법칙에 의하여
$$\frac{\overline{AB}}{\sin(\angle ACB)} = 2r$$
㉠, ㉡에 의하여
$$r = \frac{1}{2} \times \frac{\overline{AB}}{\sin(\angle ACB)} = 3\sqrt{6} + 3\sqrt{2}$$
따라서 삼각형 ABC의 외접원의 넓이는
$$(3\sqrt{6} + 3\sqrt{2})^2 \pi = 36(2+\sqrt{3})\pi$$

74 정답 7

원 C의 넓이가 최대일 때는 점 Q가 $\overline{\text{AP}}$의 중점일 때이다. 그때 원 C와 호 AP의 접점을 점 R이라 하자.

$\overline{\text{OQ}} = \sin\theta$이므로 $\overline{\text{QR}} = 1 - \sin\theta$

따라서 원 C의 반지름의 길이는 $\dfrac{1-\sin\theta}{2}$이다.

원 C의 넓이가 $\dfrac{1}{9}\pi$이므로 반지름의 길이는 $\dfrac{1}{3}$이다.

따라서 $\dfrac{1-\sin\theta}{2} = \dfrac{1}{3}$

$\therefore \sin\theta = \dfrac{1}{3}$

따라서 $\cos\theta = \dfrac{2\sqrt{2}}{3}$

$\overline{\text{OA}} = 1$이므로 $\overline{\text{AQ}} = \dfrac{2\sqrt{2}}{3}$이다.

삼각형 AQB에서 코사인 법칙을 적용하면

$$\begin{aligned}\overline{\text{BQ}}^2 &= \overline{\text{AQ}}^2 + \overline{\text{AB}}^2 - 2 \times \overline{\text{AQ}} \times \overline{\text{AB}}\cos\theta \\ &= \frac{8}{9} + 4 - 2 \times \frac{2\sqrt{2}}{3} \times 2 \times \frac{2\sqrt{2}}{3} \\ &= \frac{8+36-32}{9} = \frac{4}{3}\end{aligned}$$

$p=3$, $q=4$이므로
$p+q=7$이다.

75 정답 40

[출제자 : 정일권T]

삼각형 ABC에서 사인법칙을 적용하면

$\dfrac{\overline{\text{AC}}}{\sin\alpha} = \dfrac{\overline{\text{AB}}}{\sin\beta} = 10$이므로, 조건 (가)에 의해

$\overline{\text{AB}} = 2k$, $\overline{\text{AC}} = 3k$라 두자.

$\sin\alpha = \dfrac{3}{2k} = \dfrac{3k}{10}$

$\therefore k = \sqrt{5}$

따라서 선분 BC의 길이는
피타고라스 정리에 의해

$\overline{\text{BH}} = \sqrt{(2\sqrt{5})^2 - 3^2} = \sqrt{11}$,

$\overline{\text{CH}} = \sqrt{(3\sqrt{5})^2 - 3^2} = \sqrt{36} = 6$

$\overline{\text{BC}} = \overline{\text{BH}} + \overline{\text{CH}}$
$= 6 + \sqrt{11}$

삼각형 ABC의 넓이 S를 구하면

$$\begin{aligned}S &= \frac{1}{2} \times \overline{\text{BC}} \times \overline{\text{AH}} \\ &= \frac{1}{2} \times (6+\sqrt{11}) \times 3 \\ &= 9 + \frac{3}{2}\sqrt{11}\end{aligned}$$

한편, 원의 중심 O에서 현 AB, AC에 내린 수선의 발을 각각 M$_1$, M$_2$라 하자.

$\angle\text{ABC} = \angle\text{AOM}_2 = \alpha$, $\angle\text{ACB} = \angle\text{AOM}_1 = \beta$

$\angle\text{OAM}_1 = \dfrac{\pi}{2} - \beta$, $\angle\text{BAH} = \dfrac{\pi}{2} - \alpha$

$\therefore \angle\text{OAH} = \alpha - \beta$

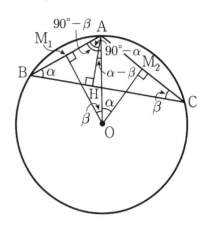

삼각형 AOH에서
코사인법칙을 적용하면

$\overline{\text{OH}}^2 = 3^2 + 5^2 - 2 \cdot 3 \cdot 5 \cdot \dfrac{3+2\sqrt{11}}{10} = 25 - 6\sqrt{11}$

$2S + \overline{\text{OH}}^2 = 18 + 3\sqrt{11} + 25 - 6\sqrt{11} = 43 - 3\sqrt{11}$

76 정답 24

두 점 A, B는 $x=1$에 대칭이고 $\overline{\text{AB}} = \dfrac{4}{3}$이므로 $\text{A}\left(\dfrac{1}{3}, k\right)$, $\text{B}\left(\dfrac{5}{3}, k\right)$이다.

$f(x) = 2\sin\left(\dfrac{\pi}{2}x\right) + 1$이라 할 때,

$f\left(\dfrac{1}{3}\right) = f\left(\dfrac{5}{3}\right) = 2 \times \dfrac{1}{2} + 1 = 2$이므로 $k=2$이다.

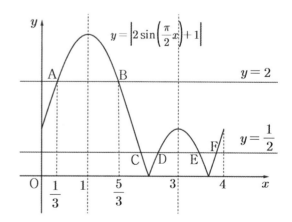

따라서 $y = \dfrac{1}{k} = \dfrac{1}{2}$이고 $y = \dfrac{1}{2}$와 $y = \left|2\sin\left(\dfrac{\pi}{2}x\right) + 1\right|$의 교점 중 점 C와 F는 $x=3$에 대칭이고 마찬가지로 D와 E도 $x=3$에 대칭이다.

즉 네 점 C, D, E, F의 x좌표를 각각 a, b, c, d라 하면 $a+d=6$, $b+c=6$이다.

따라서 $C\left(a, \dfrac{1}{2}\right)$, $D\left(b, \dfrac{1}{2}\right)$, $E\left(c, \dfrac{1}{2}\right)$, $F\left(d, \dfrac{1}{2}\right)$이고
직선 OC, OD, OE, OF의 기울기 m_1, m_2, m_3, m_4의 값은
다음과 같다.

$m_1 = \dfrac{1}{2a}$, $m_2 = \dfrac{1}{2b}$, $m_3 = \dfrac{1}{2c}$, $m_4 = \dfrac{1}{2d}$ 이다.

$\dfrac{1}{m_1} + \dfrac{1}{m_2} + \dfrac{1}{m_3} + \dfrac{1}{m_4}$

$= 2a + 2b + 2c + 2d$

$= 2(a+d) + 2(b+c) = 12 + 12 = 24$

77 정답 23

$y = \cos 2x$는 주기가 $\dfrac{2\pi}{2} = \pi$이고 $\cos 2x = 0$일 때는 $x = \dfrac{\pi}{4}$,
$\dfrac{3}{4}\pi$, $\dfrac{5}{4}\pi$, $\cdots$이다.

열린구간 $(0, 3)$에서는 $\cos 2x = 0$의 해가 $x = \dfrac{\pi}{4}$, $x = \dfrac{3}{4}\pi$로
2개다.

즉, $a_1 = 2$

또한, 다음 그림과 같이 열린구간 $(3n-3, 3n)$의 구간의 길이인
3과 $y = \cos 2x$의 주기인 π의 차이의 n배가 $\dfrac{\pi}{4}$보다 작을 때
까지는 $(3n-3, 3n)$에서
$y = \cos 2x$는 x축과 두 점에서 만난다.

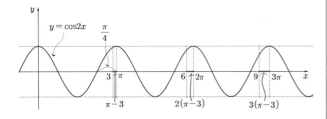

즉, $n(\pi-3) > \dfrac{\pi}{4}$을 만족하는 최소 자연수 n은 6이므로
열린구간 $(15, 18)$에는 $\cos 2x = 0$의 해의 개수는 처음으로
1개가 된다.

$$k_1 = 6 \cdots \bigcirc$$

$n(\pi-3)$의 값은 n이 커질수록 커진다. 따라서 다음 그림과
같이 구간 $((n-1)\pi, n\pi)$에서 $x = 3n$의 위치가
$n(\pi-3) > \dfrac{3}{4}\pi$이면 구간 $(3(n-1), 3n)$에서 $y = \cos 2x$는
x축과 한점에서 만난다.

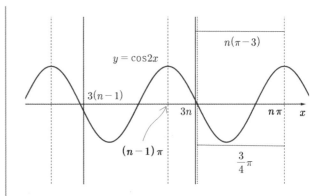

$n(\pi-3) > \dfrac{3}{4}\pi$을 만족하는 최소 자연수 n은 17이므로
열린구간 $(48, 51)$에는 $\cos 2x = 0$의 해의 개수는 두 번째로
1개가 된다.

$$k_2 = 17 \cdots \bigcirc$$

따라서 $k_1 + k_2 = 23$

수열

78 정답 29

(가)에서 $a_{n+1} = a_n + 2$ 또는 $a_{n+1} = 2a_n - 2$이다.

$a_4 = a$라 하면 $a_5 = a + 2$ 또는 $a_5 = 2a - 2$이다.

(나)조건에서 4이하의 자연수 n에 대하여 a_n, a_{n+1}, a_{n+2}에는
3의 배수가 적어도 하나 존재해야 한다.

a_4	a_5	a_6	$a_6 - a_4 = 20$
a	$a+2$	$a+4$	(X)
		$2a+2$	$a = 18$
	$2a-2$	$2a$	$a = 20$ (X) 20, 38, 40으로 3의 배수 존재하지 않는다.
		$4a-6$	$a = \dfrac{26}{3}$ (X)

따라서
$a_4 = 18$, $a_5 = 20$, $a_6 = 38$ 일 때, 조건을 만족시킨다.
따라서 다음 표와 같다.

a_5	a_4	a_3	a_2	a_1
				$12(O)$
			14	$8(X)$
		16	9	$7(O)$
20	18			$\dfrac{11}{2}(X)$
				$6(O)$
		10	8	$5(X)$
			6	$4(O)$
				$4(O)$

따라서 모든 a_1의 합은 $4+6+7+12=29$이다.

79 정답 11

[출제자 : 오세준T]

[검토자 : 서영만T]

$a_{13}=7$이므로

$a_{12}=7-\dfrac{2}{3}=\dfrac{19}{3}$

$a_{11}=a_{12}-\dfrac{2}{3}=\dfrac{19}{3}-\dfrac{2}{3}=\dfrac{17}{3}$

$a_{10}=a_{11}-\dfrac{2}{3}=\dfrac{17}{3}-\dfrac{2}{3}=5$이다.

$n=9$이면 $\log_3 9$는 자연수이고

a_9가 자연수이면

$a_{10}=5=a_9-\log_2 a_9$이므로 $a_9=8$

a_9가 자연수가 아니면

$a_{10}=a_9+\dfrac{2}{3}$이므로 $a_9=5-\dfrac{2}{3}=\dfrac{13}{3}$

$n=8$이면 $\log_2 8$은 자연수이고

a_8이 자연수이면

$a_9=8=a_8+1-\log_3 a_8$이므로 $a_8=9$

a_8이 자연수가 아니면

$a_9=8=a_8+\dfrac{2}{3}$이므로 $a_8=\dfrac{22}{3}$

또는

$a_9=\dfrac{13}{3}=a_8+\dfrac{2}{3}$이므로 $a_8=\dfrac{11}{3}$

$n=7$이면 $a_8=a_7+\dfrac{2}{3}$이므로

$a_7=9-\dfrac{2}{3}=\dfrac{25}{3}$ 또는$a_7=\dfrac{22}{3}-\dfrac{2}{3}=\dfrac{20}{3}$ 또는

$a_7=\dfrac{11}{3}-\dfrac{2}{3}=3$

$n=6$이면 $a_7=a_6+\dfrac{2}{3}$이므로

$a_6=\dfrac{25}{3}-\dfrac{2}{3}=\dfrac{23}{3}$ 또는$a_6=\dfrac{20}{3}-\dfrac{2}{3}=6$또는 $a_6=3-\dfrac{2}{3}=\dfrac{7}{3}$

$n=5$이면 $a_6=a_5+\dfrac{2}{3}$이므로

$a_5=\dfrac{23}{3}-\dfrac{2}{3}=7$또는$a_5=6-\dfrac{2}{3}=\dfrac{16}{3}$ 또는 $a_5=\dfrac{7}{3}-\dfrac{2}{3}=\dfrac{5}{3}$

$n=4$이면 $\log_2 4$는 자연수이고 a_4가 자연수이면

$a_5=7=a_4+1-\log_3 a_4$이지만 만족하는 a_4의 값이 없다.

a_4가 자연수가 아니면

$a_4=7-\dfrac{2}{3}=\dfrac{19}{3}$ 또는$a_4=\dfrac{16}{3}-\dfrac{2}{3}=\dfrac{14}{3}$ 또는 $a_4=\dfrac{5}{3}-\dfrac{2}{3}=1$

(X)

따라서 모든 a_4의 값의 합은 $\dfrac{19}{3}+\dfrac{14}{3}=\dfrac{33}{3}=11$이다.

80 정답 8

(나)에서

$a_{n+2}=a_{n+1}\times a_n \ (a_{n+1}\geq \log_2(n+1))$ ······ ㉠

$a_{n+2}=a_{n+1}+a_n \ (a_{n+1}< \log_2(n+1))$ ······ ㉡

라 하자.

(i) $n=7$을 대입하면 ㉠에서 $8=a_8\times a_7 \ (a_8\geq 3)$

$a_8=4,\ a_7=2$ 또는 $a_8=8$ 또는 $a_7=1$이다.

① $a_8=4,\ a_7=2$일 때,

$n=6$이면 $a_7=2,\ 2<\log_2 7<3$이므로 ㉡ : $a_8=a_7+a_6$에서

$a_6=2$

$n=5$이면 $a_6=2,\ 2<\log_2 6<3$이므로 ㉡ : $a_7=a_6+a_5$에서

$a_5=0$

$n=4$이면 $a_5=0,\ 2<\log_2 5<3$이므로 ㉡ : $a_6=a_5+a_4$에서

$a_4=2$

$n=3$이면 $a_4=2,\ 2=\log_2 4$이므로 ㉠ : $a_5=a_4\times a_3$에서

$a_3=0$

$n=2$이면 $a_3=0,\ 1<\log_2 3<2$이므로 ㉡ : $a_4=a_3+a_2$에서

$a_2=2$

$n=1$이면 $a_2=2,\ 1=\log_2 2$이므로 ㉠ : $a_3=a_2\times a_1$에서

$a_1=0$

과정을 표로 나타내면 다음과 같다.

a_1	a_2	a_3	a_4	a_5	a_6	a_7	a_8
0	←2 $(\because ㉡)$	←0 $(\because ㉠)$				↗2	4
			↘2 $(\because ㉡)$	←0 $(\because ㉡)$	←2 $(\because ㉡)$		

② $a_8 = 8$, $a_7 = 1$일 때,

$n = 6$이면 $a_7 = 1$, $2 < \log_2 7 < 3$이므로 ⓛ : $a_8 = a_7 + a_6$에서

$a_6 = 7$

$n = 5$이면 $a_6 = 7$, $2 < \log_2 6 < 3$이므로 ⓞ : $a_7 = a_6 \times a_5$에서

$a_5 = \dfrac{1}{7}$로 모순

a_1	a_2	a_3	a_4	a_5	a_6	a_7	a_8
				$\dfrac{1}{7}(X)$		↗1	8
					↘7 $(\because ⓛ)$		

따라서 가능한 a_1의 값은 0이다.

(ii) $n = 7$을 대입하면 ⓛ에서 $8 = a_8 + a_7$ $(a_8 < 3)$

$a_8 = 2$, $a_7 = 6$ 또는 $a_8 = 1$, $a_7 = 7$ 또는 $a_8 = 0$, $a_7 = 8$

…이다.

① $a_8 = 2$, $a_7 = 6$일 때,

$n = 6$이면 $a_7 = 6$, $2 < \log_2 7 < 3$이므로 ⓞ : $a_8 = a_7 \times a_6$에서

$a_6 = \dfrac{1}{3}$으로 모순

ⓛ $a_8 = 1$, $a_7 = 7$일 때,

$n = 6$이면 $a_7 = 7$, $2 < \log_2 7 < 3$이므로 ⓞ : $a_8 = a_7 \times a_6$에서

$a_6 = \dfrac{1}{7}$으로 모순

ⓒ $a_8 = 0$, $a_7 = 8$일 때,

$n = 6$이면 $a_7 = 8$, $2 < \log_2 7 < 3$이므로 ⓞ : $a_8 = a_7 \times a_6$에서

$a_6 = 0$

같은 방법으로

a_1	a_2	a_3	a_4	a_5	a_6	a_7	a_8
	↗0 $(\because ⓞ)$		↗0 $(\because ⓞ)$		↗0 $(\because ⓞ)$		
8		↘8 $(\because ⓛ)$		↘8 $(\because ⓛ)$		↘8	0

ⓓ $a_8 \leq -1$, $a_7 \geq 9$일 때,

$n = 6$이면 $a_7 \geq 9$, $2 < \log_2 7 < 3$이므로 ⓞ :

$a_8 = a_7 \times a_6$에서 $a_6 = \dfrac{a_8}{a_7}$으로 a_6의 값이 정수가 아니므로

모순이다.

따라서 가능한 a_1의 값은 8이다.

(i), (ii)에서 가능한 a_1의 값의 합은 $0 + 8 = 8$이다.

81 정답 27

(나)조건에서 b_{n+4}를 (가)의 식을 이용하여 구하면

$b_{n+2} = \dfrac{a_{n+1}b_{n+1}}{a_{10}} = \dfrac{a_{n+1}a_n b_n}{a_{10}{}^2}$

$b_{n+3} = \dfrac{a_{n+2}b_{n+2}}{a_{10}} = \dfrac{a_{n+2}}{a_{10}} \cdot \dfrac{a_{n+1}a_n b_n}{a_{10}{}^2} = \dfrac{a_{n+2}a_{n+1}a_n b_n}{a_{10}{}^3}$

$b_{n+4} = \dfrac{a_{n+3}b_{n+3}}{a_{10}} = \dfrac{a_{n+3}a_{n+2}a_{n+1}a_n b_n}{a_{10}{}^4}$이다.

(나)식에서 $b_{n+4} = \dfrac{3}{2} b_n$이므로 $\dfrac{a_{n+3}a_{n+2}a_{n+1}a_n}{a_{10}{}^4} = \dfrac{3}{2}$임을 알

수 있다. ……ⓞ

또, $b_{n+4} = \dfrac{3}{2} b_n$이므로 $(b_1,\ b_5,\ b_9,\ \cdots)$, $(b_2,\ b_6,\ b_{10},\ \cdots)$,

$(b_3,\ b_7,\ b_{11},\ \cdots)$, $(b_4,\ b_8,\ b_{12},\ \cdots)$는 각각 공비가 $\dfrac{3}{2}$인

등비수열이다.

m이 자연수일 때, 각 경우의 일반항을 구해보면

$b_{4m-3} = b_1 \left(\dfrac{3}{2}\right)^{m-1}$

$b_{4m-2} = b_2 \left(\dfrac{3}{2}\right)^{m-1} = \dfrac{a_1 b_1}{a_{10}} \left(\dfrac{3}{2}\right)^{m-1}$

$b_{4m-1} = b_3 \left(\dfrac{3}{2}\right)^{m-1} = \dfrac{a_2 a_1 b_1}{a_{10}{}^2} \left(\dfrac{3}{2}\right)^{m-1}$

$b_{4m} = b_4 \left(\dfrac{3}{2}\right)^{m-1} = \dfrac{a_3 a_2 a_1 b_1}{a_{10}{}^3} \left(\dfrac{3}{2}\right)^{m-1}$

$m = 4$일 때, $b_{13} = b_1 \left(\dfrac{3}{2}\right)^3$, $b_{14} = \dfrac{a_1 b_1}{a_{10}} \left(\dfrac{3}{2}\right)^3$,

$b_{15} = \dfrac{a_2 a_1 b_1}{a_{10}{}^2} \left(\dfrac{3}{2}\right)^3$, $b_{16} = \dfrac{a_3 a_2 a_1 b_1}{a_{10}{}^3} \left(\dfrac{3}{2}\right)^3$이다.

$b_{14} = b_{15}$이므로 $\dfrac{a_1 b_1}{a_{10}} \left(\dfrac{3}{2}\right)^3 = \dfrac{a_2 a_1 b_1}{a_{10}{}^2} \left(\dfrac{3}{2}\right)^3$, $a_2 = a_{10}$임을 알

수 있다.

$b_{13} = b_{16}$이므로

$b_1 \left(\dfrac{3}{2}\right)^3 = \dfrac{a_3 a_2 a_1 b_1}{a_{10}{}^3} \left(\dfrac{3}{2}\right)^3$

$a_1 a_2 a_3 = a_{10}{}^3$

$a_2 = a_{10}$이므로 $a_1 a_2 a_3 = a_2{}^3$이고, $a_1 a_3 = a_2{}^2$이다.

$a_2 = 4$이므로 $a_1 a_3 = 16$이다.

ⓞ에서 $\dfrac{a_{n+3}a_{n+2}a_{n+1}a_n}{a_{10}{}^4} = \dfrac{3}{2}$

$a_n a_{n+1} a_{n+2} a_{n+3} = \dfrac{3}{2} a_{10}{}^4$로 일정하다.

$n = 1$을 대입하면

$a_1 a_2 a_3 a_4 = \dfrac{3}{2} a_{10}{}^4$

$a_1 a_3 = 16$, $a_2 = 4$, $a_{10} = a_2 = 4$이므로

$64 a_4 = \dfrac{3}{2} \times 4^4$

$2^6 a_4 = 3 \times 2^7$

$a_4 = 6$이다.

따라서 $a_n a_{n+1} a_{n+2} a_{n+3} = 3 \times 2^7$로 일정하다.

또 $a_1 a_3 = 16$, $a_2 = 4$, $a_4 = 6$을 b_n의 일반항에 대입하면

$$b_{4m-3} = b_1 \left(\frac{3}{2}\right)^{m-1}$$

$$b_{4m-2} = b_2 \left(\frac{3}{2}\right)^{m-1} = \frac{a_1 b_1}{a_{10}} \left(\frac{3}{2}\right)^{m-1} = \frac{a_1 b_1}{4} \left(\frac{3}{2}\right)^{m-1}$$

$$b_{4m-1} = b_3 \left(\frac{3}{2}\right)^{m-1} = \frac{a_2 a_1 b_1}{a_{10}^2} \left(\frac{3}{2}\right)^{m-1} = \frac{a_1 b_1}{4} \left(\frac{3}{2}\right)^{m-1}$$

$$b_{4m} = b_4 \left(\frac{3}{2}\right)^{m-1} = \frac{a_3 a_2 a_1 b_1}{a_{10}^3} \left(\frac{3}{2}\right)^{m-1} = b_1 \left(\frac{3}{2}\right)^{m-1}$$

이므로

$$\sum_{n=1}^{40} \left(\log_2 \frac{a_n}{\sqrt[4]{3}} + b_n \right)$$

$$= \sum_{n=1}^{40} \log_2 \frac{a_n}{\sqrt[4]{3}} + \sum_{m=1}^{10} b_{4m} + \sum_{m=1}^{10} b_{4m-1} + \sum_{m=1}^{10} b_{4m-2} + \sum_{m=1}^{10} b_{4m-3}$$

$$= \log_2 \left(\frac{a_1}{\sqrt[4]{3}} \cdot \frac{a_2}{\sqrt[4]{3}} \cdot \frac{a_3}{\sqrt[4]{3}} \cdots \frac{a_{40}}{\sqrt[4]{3}} \right)$$

$$+ \sum_{m=1}^{10} b_{4m} + \sum_{m=1}^{10} b_{4m-1} + \sum_{m=1}^{10} b_{4m-2} + \sum_{m=1}^{10} b_{4m-3}$$

$b_{4m-3} = b_{4m}$, $b_{4m-2} = b_{4m-1}$이므로

$$= \log_2 \left\{ \frac{a_1 a_2 a_3 a_4 \cdots a_{40}}{(\sqrt[4]{3})^{40}} \right\} + 2 \sum_{m=1}^{10} b_{4m} + 2 \sum_{m=1}^{10} b_{4m-1}$$

$$= \log_2 \left\{ \frac{(a_1 a_2 a_3 a_4)^{10}}{3^{10}} \right\} + 2 b_1 \sum_{m=1}^{10} \left(\frac{3}{2}\right)^{m-1} + \frac{a_1 b_1}{2} \sum_{m=1}^{10} \left(\frac{3}{2}\right)^{m-1}$$

$$= \log_2 \left(\frac{3^{10} \cdot 2^{70}}{3^{10}} \right) + \left(2 b_1 + \frac{a_1 b_1}{2} \right) \sum_{m=1}^{10} \left(\frac{3}{2}\right)^{m-1}$$

$$= \log_2 2^{70} + b_1 \left(2 + \frac{a_1}{2} \right) \left\{ \frac{\left(\frac{3}{2}\right)^{10} - 1}{\frac{3}{2} - 1} \right\}$$

$$= 70 + 2 b_1 \left(2 + \frac{a_1}{2} \right) \left\{ \left(\frac{3}{2}\right)^{10} - 1 \right\}$$

$$50 + 20 \left(\frac{3}{2}\right)^{10} = 70 + 2 b_1 \left(2 + \frac{a_1}{2} \right) \left\{ \left(\frac{3}{2}\right)^{10} - 1 \right\}$$

$$-20 + 20 \left(\frac{3}{2}\right)^{10} = b_1 (4 + a_1) \left\{ \left(\frac{3}{2}\right)^{10} - 1 \right\}$$

$$20 \left\{ \left(\frac{3}{2}\right)^{10} - 1 \right\} = b_1 (4 + a_1) \left\{ \left(\frac{3}{2}\right)^{10} - 1 \right\}$$

$20 = b_1 (4 + a_1)$이다.

수열 $\{a_n\}$은 모든 항이 자연수이므로 $a_1 a_3 = 16$에서
(a_1, a_3)은 $(1, 16)$, $(2, 8)$, $(4, 4)$, $(8, 2)$, $(16, 1)$이 가능하다.

$a_1 = 1$이라면 $5 b_1 = 20$, $b_1 = 4$

$a_1 = 2$라면 $6 b_1 = 20$, $b_1 = \frac{10}{3}$

$a_1 = 4$라면 $8 b_1 = 20$, $b_1 = \frac{5}{2}$

$a_1 = 8$이라면 $12 b_1 = 20$, $b_1 = \frac{5}{3}$

$a_1 = 16$이라면 $20 b_1 = 20$, $b_1 = 1$

이므로 모든 b_1의 합은 $\frac{25}{2}$이다.

$p = 2$, $q = 25$이므로 $p + q = 27$이다.

82 정답 ③

$a_p = 0$이면

$a_{p+1} = -3$, $a_{p+2} = -2$, $a_{p+3} = -1$, $a_{p+4} = 0$으로

$a_p = a_{p+4} = a_{p+8} = \cdots = 0$이다.

$b_q = 0$이면

$b_{q+1} = -1$, $b_{q+2} = 2$, $b_{q+3} = 1$, $b_{q+4} = 0$으로

$b_q = b_{q+4} = b_{q+8} = \cdots = 0$이다.

$a_m \times b_m = 0$을 만족시키는 12 이하의 자연수 m의 개수가
6이기 위해서는 $p \neq q$이고 $a_1 - b_1$의 값이 최대가 되기 위해서는
a_1의 값이 최대, b_1의 값이 최소이어야 한다.

따라서 다음 두 경우를 생각할 수 있다.

(i) $a_4 = a_8 = a_{12} = 0$, $b_3 = b_7 = b_{11} = 0$

n	1	2	3	4		7	8		11	12
a_n	9	6	3	0	$\cdots$	$\cdots$	0	$\cdots$	$\cdots$	0
b_n	-6	-3	0	$\cdots$	$\cdots$	0	$\cdots$	$\cdots$	0	

$a_1 - 2 b_1 = 9 + 12 = 21$

(ii) $a_3 = a_7 = a_{11} = 0$, $b_4 = b_8 = b_{12} = 0$

n	1	2	3	4	5	7	8	9	11	12
a_n	6	3	0	$\cdots$	$\cdots$	0	$\cdots$	$\cdots$	0	
b_n	-9	-6	-3	0	$\cdots$	$\cdots$	0	$\cdots$	$\cdots$	0

$a_1 - 2 b_1 = 6 + 18 = 24$

(i), (ii)에서 $a_1 - 2 b_1$의 최댓값은 24이다.

83 정답 ①

[출제자 : 오세준T]

조건 (가)에서 $a_1 = 20$이므로

$|a_3| = 12$, $|a_5| = 8$, $|a_7| = 6$, $|a_9| = 5$ $\cdots\cdots$ ㉠

$a_4 + a_7 = 2$이고 $|a_7| = 6$이므로

$a_7 = 6$, $a_4 = -4$ 또는 $a_7 = -6$, $a_4 = 8$ $\cdots\cdots$ ㉡

조건 (나)에서

$a_1 a_5 \leq a_2 a_6 \leq a_3 a_7 \leq a_4 a_8 \leq a_5 a_9$이고

㉠에서 $|a_3 a_7| = 72$, $|a_5 a_9| = 40$이므로

$a_3 a_7 = -72$이고 $a_5 a_9 = 40$ 또는 -40이다.

또한 $a_1 |a_5| = 160$이고 $a_1 a_5 \leq a_3 a_7$이므로

$a_1 = 20$, $a_5 = -8$이다.

㉡에서 $a_7 = 6$이면 $a_3 = -12$이고 $a_7 = -6$이면 $a_3 = 12$이다.

정리하면

$a_1 = 20$, $a_5 = -8$, $a_7 = 6$, $a_3 = -12$, $a_9 = \pm 5$ ······ ㉢

또는

$a_1 = 20$, $a_5 = -8$, $a_7 = -6$, $a_3 = 12$, $a_9 = \pm 5$ ······ ㉣

이제 a_2, a_6, a_8을 구하면

(i) $a_7 = 6$, $a_4 = -4$일 때

㉡, ㉢와 조건 (가)에서 $a_4 = -4$이므로 $|a_2| = |a_6| = |a_8| = 4$

$|a_2 a_6| = 16$이므로 $a_2 a_6 = \pm 16$이지만

조건 (나)에서 $a_2 a_6 \geq a_3 a_7 = -72$이므로 만족하지 않고 ㉢도

성립하지 않는다.

(ii) $a_7 = -6$, $a_4 = 8$일 때

㉡, ㉣와 조건 (가)에서 $a_4 = 8$이므로

$|a_2| = 12$, $|a_6| = 6$, $|a_8| = 5$

$|a_2 a_6| = 72$이므로 조건 (나)의

$-120 = a_1 a_5 \leq a_2 a_6 \leq a_3 a_7 = -72$을 만족하려면

$a_2 = 12$, $a_6 = -6$ 또는 $a_2 = -12$, $a_6 = 6$ ······ ㉤

또한 $a_4 |a_8| = 40$, $a_5 a_9 = \pm 40$이고 $a_4 a_8 \leq a_5 a_9$이므로

$a_5 = -8$, $a_9 = 5$이면 $a_4 = 8$, $a_8 = -5$ ······ ㉥

$a_5 = -8$, $a_9 = -5$이면 $a_4 = 8$, $a_8 = \pm 5$ ······ ㉦

따라서

㉣, ㉤, ㉥에서

$a_1 = 20$, $a_5 = -8$, $a_7 = -6$, $a_3 = 12$, $a_9 = 5$,

$a_4 = 8$, $a_8 = -5$이고

$a_2 = 12$, $a_6 = -6$ 이거나 $a_2 = -12$, $a_6 = 6$

㉣, ㉤, ㉦에서

$a_1 = 20$, $a_5 = -8$, $a_7 = -6$, $a_3 = 12$, $a_9 = -5$,

$a_4 = 8$, $a_8 = \pm 5$이고

$a_2 = 12$, $a_6 = -6$ 이거나 $a_2 = -12$, $a_6 = 6$

$\displaystyle\sum_{k=1}^{9} a_k$의 최솟값은 ㉣, ㉤, ㉦에서

$a_1 = 20$, $a_5 = -8$, $a_7 = -6$, $a_3 = 12$, $a_9 = -5$,

$a_4 = 8$, $a_8 = -5$이고

$a_2 = -12$, $a_6 = 6$일 때이다.

$\displaystyle\sum_{k=1}^{9} a_k$
$= 20 + (-12) + 12 + 8 + (-8) + 6 + (-6) + (-5) + (-5)$
$= 10$

84 정답 14

$$a_{n+1} = \begin{cases} n + 5 + a_n \ (a_n < 0) \\ n + 3 - a_n \ (a_n \geq 0) \end{cases} \ \cdots\cdots ㉠$$

$a_4 = k \ (k > 5)$라 하자.

㉠의 양변에 $n = 3$을 대입하면 $k = \begin{cases} 8 + a_3 \ (a_3 < 0) \\ 6 - a_3 \ (a_3 \geq 0) \end{cases}$ 에서

$k - 8 < 0$ 또는 $6 - k \geq 0$이다.

따라서 $5 < k < 8$ 또는 $5 < k \leq 6$이다.

그러므로 $5 < k < 8$이다.

k는 정수이므로 $a_4 = 6$ 또는 $a_4 = 7$이다.

(i) $a_4 = 6$일 때,

㉠의 양변에 $n = 3$을 대입하면

$6 = \begin{cases} 8 + a_3 \ (a_3 < 0) \\ 6 - a_3 \ (a_3 \geq 0) \end{cases}$ 에서 $a_3 = -2$ 또는 $a_3 = 0$이다.

같은 방법으로 $a_{n+1} = \begin{cases} n + 5 + a_n \ (a_n < 0) \\ n + 3 - a_n \ (a_n \geq 0) \end{cases}$ 에서

a_1	a_2	a_3	a_4	a_5	a_6	a_7	a_8
-15							
13	-9						
X	7	-2					
			6	1	7	2	8
-13							
11	-7						
		0					
-1	5						

$a_1 + a_8$의 값은 -7, 21, -5, 19, 7이 가능하다.

(ii) $a_4 = 7$일 때,

㉠의 양변에 $n = 3$을 대입하면

$7 = \begin{cases} 8 + a_3 \ (a_3 < 0) \\ 6 - a_3 \ (a_3 \geq 0) \end{cases}$ 에서 $a_3 = -1$ 또는 $a_3 = 1$이다.

같은 방법으로 $a_{n+1} = \begin{cases} n + 5 + a_n \ (a_n < 0) \\ n + 3 - a_n \ (a_n \geq 0) \end{cases}$ 에서

a_1	a_2	a_3	a_4	a_5	a_6	a_7	a_8
-14							
12	-8						
		-1					
X	6						
			7	0	8	1	9
	X						

$a_1 + a_8$의 값은 -5, 21이 가능하다.

(i), (ii)에서 $a_1 + a_8$의 최댓값은 21이고 최솟값은 -7이다.

따라서 $21 + (-7) = 14$이다.

85 정답 ①

[그림 : 최성훈T]

$\log_2(x-a_k) < \log_4 x$에서 $x > a_k$이고 ······ ㉠

$\log_2(x-a_k) < \log_2 \sqrt{x}$에서 $x-a_k < \sqrt{x}$이다. ······ ㉡

㉠, ㉡을 동시에 만족시키는 범위는 다음 그림과 같다.

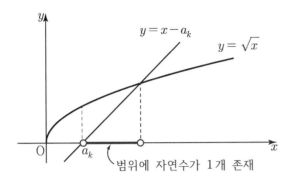

따라서 부등식 $\log_2(x-a_k) < \log_4 x$를 만족시키는 자연수 x의 개수가 1이기 위해서는 다음 그림과 같이 $a_k = 1$ 또는 $a_k = 2$이어야 한다.

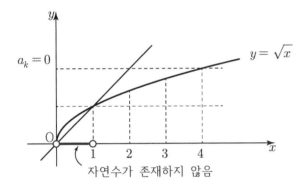

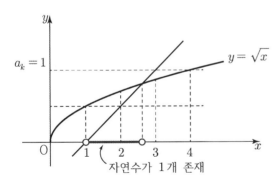

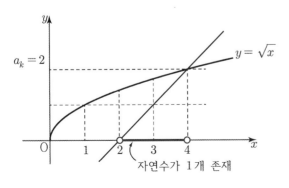

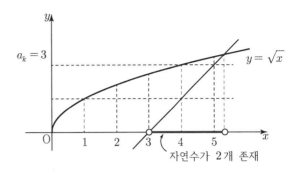

$a_k \geq 3$일 때는 부등식을 만족시키는 자연수 x의 개수가 2이상이다.

수열 $\{a_n\}$은 다음과 같다.

a_1	a_2	a_3	a_4	a_5	a_6	a_7	a_8	a_9
?	0	1	2	2	3	4	5	6

a_{10}	a_{11}	a_{12}	a_{13}	a_{14}	a_{15}	a_{16}	a_{17}	a_{18}	$\cdots$
3	4	5	6	7	8	9	1	2	$\cdots$

그러므로 $k=3$, $k=4$, $k=5$, $k=17$, $k=18$은 조건을 만족시킨다.

$3+4+5+17+18=47$이므로 모든 k의 합이 48이기 위해서는 a_1의 값도 1 또는 2이어야 한다. a_1의 최댓값은 2이고 최솟값은 1이므로 합은 3이다.

86 정답 ⑤

(가)에서 $a_{2n} = \begin{cases} -a_n \ (a_n \leq 0) \\ 3a_n \ (a_n > 0) \end{cases}$ 이다.

(나)에서 $a_4 = 9$일 때, $a_4 = 9$, $a_2 = 3$, $a_1 = 1$ 또는 $a_4 = 9$, $a_2 = 3$, $a_1 = -3$

(나)에서 $a_4 = 6$일 때, $a_4 = 6$, $a_2 = 2$, $a_1 = -2$ 이다.

① $a_4 = 9$, $a_2 = 3$, $a_1 = 1$일 때,

$a_4 + a_5 = 0$에서 $a_5 = -9$이므로 $a_{10} = 9$, $a_8 = 27$, $a_{16} = 81$, $\cdots$

	a_1	a_2	a_3	a_4	a_5	a_6	a_7	a_8	a_9	a_{10}	a_{11}	a_{12}
1step	1	3		9	-9			27		9		

(i) $a_6 = \alpha \ (\alpha < 0)$, $a_7 = 6$일 때,

	a_1	a_2	a_3	a_4	a_5	a_6	a_7	a_8	a_9	a_{10}	a_{11}	a_{12}
1step	1	3		9	-9			27		9		
2step			X		α	6						

a_3의 값이 정해지지 않으므로 모순이다.

(ii) $a_6 = 6$, $a_7 = \alpha$ $(\alpha < 0)$일 때,

㉠ $a_3 = 2$, $a_{12} = 18$, $a_{14} = -\alpha$이고 $a_9 = x$, $a_{11} = y$,

$a_{13} = z$라 하자.

	a_1	a_2	a_3	a_4	a_5	a_6	a_7	a_8	a_9	a_{10}	a_{11}	a_{12}	a_{13}	a_{14}
1step	1	3		9	-9			27		9				
2step			2			6	α					18		$-\alpha$
3step									x		y		z	

$\sum_{n=1}^{14} a_n = 100$에서 $\sum_{n=1}^{14} a_n = 66 + x + y + z = 100$

따라서 $x + y + z = 34$이다.

㉡ $a_3 = -6$, $a_{12} = 18$, $a_{14} = -\alpha$이고 $a_9 = x$, $a_{11} = y$,

$a_{13} = z$라 하자.

	a_1	a_2	a_3	a_4	a_5	a_6	a_7	a_8	a_9	a_{10}	a_{11}	a_{12}	a_{13}	a_{14}
1step	1	3		9	-9			27		9				
2step			2			6	α					18		$-\alpha$
3step									x		y		z	

$\sum_{n=1}^{14} a_n = 100$에서 $\sum_{n=1}^{14} a_n = 58 + x + y + z = 100$

따라서 $x + y + z = 42$이다.

② $a_4 = 9$, $a_2 = 3$, $a_1 = -3$일 때,

같은 방법으로

$a_6 = 6$, $a_{12} = 18$, $a_{14} = -\alpha$이고 $a_9 = x$, $a_{11} = y$, $a_{13} = z$라

하자.

㉠ $a_3 = 2$

	a_1	a_2	a_3	a_4	a_5	a_6	a_7	a_8	a_9	a_{10}	a_{11}	a_{12}	a_{13}	a_{14}
1step	1	3		9	-9			27		9				
2step			2			6	α					18		$-\alpha$
3step									x		y		z	

$\sum_{n=1}^{14} a_n = 100$에서 $\sum_{n=1}^{14} a_n = 62 + x + y + z = 100$

따라서 $x + y + z = 38$이다.

㉡ $a_3 = -6$

	a_1	a_2	a_3	a_4	a_5	a_6	a_7	a_8	a_9	a_{10}	a_{11}	a_{12}	a_{13}	a_{14}
1step	-3	3		9	-9			27		9				
2step			-6			6	α					18		$-\alpha$
3step									x		y		z	

$\sum_{n=1}^{14} a_n = 100$에서 $\sum_{n=1}^{14} a_n = 54 + x + y + z = 100$

따라서 $x + y + z = 46$이다.

③ $a_4 = 6$, $a_2 = 2$, $a_1 = -2$일 때,

$a_4 + a_5 = 0$에서 $a_5 = -6$이므로 $a_{10} = 6$, $a_8 = 18$, $a_{16} = 54$,

...

	a_1	a_2	a_3	a_4	a_5	a_6	a_7	a_8	a_9	a_{10}	a_{11}	a_{12}
1step	-2	2		6	-6			18		6		

(i) $a_6 = \alpha$ $(\alpha < 0)$, $a_7 = 9$일 때,

	a_1	a_2	a_3	a_4	a_5	a_6	a_7	a_8	a_9	a_{10}	a_{11}	a_{12}
1step	-2	2		6	-6			18		6		
2step			X			α	9					

a_3의 값이 정해지지 않으므로 모순이다.

(ii) $a_6 = 9$, $a_7 = \alpha$ $(\alpha < 0)$일 때,

㉠ $a_3 = 3$, $a_{12} = 27$, $a_{14} = -\alpha$이고 $a_9 = x$, $a_{11} = y$,

$a_{13} = z$라 하자.

	a_1	a_2	a_3	a_4	a_5	a_6	a_7	a_8	a_9	a_{10}	a_{11}	a_{12}	a_{13}	a_{14}
1step	-2	2		6	-6			18		6				
2step			3			9	α					27		$-\alpha$
3step									x		y		z	

$\sum_{n=1}^{14} a_n = 100$에서 $\sum_{n=1}^{14} a_n = 63 + x + y + z = 100$

따라서 $x + y + z = 37$이다.

㉡ $a_3 = -9$, $a_{12} = 27$, $a_{14} = -\alpha$이고 $a_9 = x$, $a_{11} = y$,

$a_{13} = z$라 하자.

	a_1	a_2	a_3	a_4	a_5	a_6	a_7	a_8	a_9	a_{10}	a_{11}	a_{12}	a_{13}	a_{14}
1step	-2	2		6	-6			18		6				
2step			-9			9	α					27		$-\alpha$
3step									x		y		z	

$\sum_{n=1}^{14} a_n = 100$에서 $\sum_{n=1}^{14} a_n = 51 + x + y + z = 100$

따라서 $x + y + z = 49$이다.

그러므로 ①, ②, ③에서 모든 $x + y + z$의 값의 합은
$34 + 42 + 38 + 46 + 37 + 49 = 246$이다.

87 정답 ④

[그림 : 서태욱T]

사분원 $O_1A_1B_1$의 넓이에서 정삼각형 $O_1A_1C_1$의 넓이를 빼면 S_1의 넓이를 구할 수 있다.

$$S_1 = \pi(2)^2 \times \frac{1}{4} - \frac{\sqrt{3}}{4} \times (2)^2 = \pi - \sqrt{3}$$

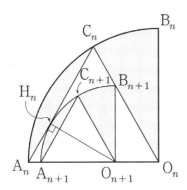

그림에서 $\overline{O_nB_n}=a_n$, $\overline{O_{n+1}B_{n+1}}=a_{n+1}$이라 하자.

$\angle B_{n+1}O_nO_{n+1}=60°$이므로

$$\overline{O_nO_{n+1}}=\frac{1}{\tan60°}\times a_{n+1}=\frac{a_{n+1}}{\sqrt{3}}$$

사분원 $O_{n+1}A_{n+1}B_{n+1}$과 선분 A_nC_n이 접하는 점을 H_n이라 하자.

$\angle A_nO_{n+1}H_n=30°$이므로

$$\overline{O_{n+1}A_n}=\frac{1}{\cos30°}\times\overline{O_{n+1}H_n}=\frac{2}{\sqrt{3}}a_{n+1}$$

$$\overline{O_nA_n}=\overline{O_nO_{n+1}}+\overline{O_{n+1}A_n}$$

$$a_n=\frac{a_{n+1}}{\sqrt{3}}+\frac{2a_{n+1}}{\sqrt{3}}=\frac{3a_{n+1}}{\sqrt{3}}$$

$$\therefore\ a_{n+1}=\frac{1}{\sqrt{3}}a_n\ \cdots\ \text{㉠}$$

그림 R_n에서 색칠한 도형과 그림 R_{n+1}에서 색칠한 도형은 닮은 도형이고 닮음비는 두 사분원의 닮음비와 같다.

닮음비가 $1:\dfrac{1}{\sqrt{3}}$이므로 넓이비는 $1:\dfrac{1}{3}$이다.

따라서 $S_n=(\pi-\sqrt{3})\times\left(\dfrac{1}{3}\right)^{n-1}$이므로 $S_5=\dfrac{\pi-\sqrt{3}}{81}$이다.

88 정답 37

[출제자 : 오세준T]

[검토자 : 정찬도T]

$a_1=k$, $a_2=k+2$이므로

(i) $\sqrt{|a_1+a_2|}=\sqrt{|2k+2|}$가 자연수일 때

a_1	a_2	a_3	a_4	a_5	a_6
k	$k+2$	$-k-1$	$k+2$	$-k-1$	$k+2$

$a_4=a_6$이므로 $\sqrt{|a_1+a_2|}=\sqrt{|2k+2|}$가 자연수인 100이하의 k는 1, 7, 17, 31, 49, 71, 97

$a_3=a_5=a_7=\cdots=a_{2p+1}$, $a_4=a_6=a_8=\cdots=a_{2p+2}$($p$는 자연수)이고

k는 모두 홀수이므로 $b_k=-k-1$

따라서 $b_k=-18$인 $k=17$이다.

(ii) $\sqrt{|a_1+a_2|}=\sqrt{|2k+2|}$가 자연수가 아니고

$\sqrt{|a_2+a_3|}=\sqrt{|k+4|}$가 자연수일 때

a_1	a_2	a_3	a_4	a_5	a_6
k	$k+2$	2	-1	2	-1

$a_4=a_6$이므로 $\sqrt{|a_1+a_2|}=\sqrt{|2k+2|}$가 자연수가 아니고 $\sqrt{|a_2+a_3|}=\sqrt{|k+4|}$가 자연수인 100이하의 k는

5, 12, 21, 32, 45, 60, 77, 96

그러나 $a_3=a_5=a_7=\cdots=a_{2p+1}=2$,

$a_4=a_6=a_8=\cdots=a_{2p+2}=-1$($p$는 자연수)이므로

$b_k=-18$인 k는 존재하지 않는다.

(iii) $\sqrt{|a_1+a_2|}=\sqrt{|2k+2|}$, $\sqrt{|a_2+a_3|}=\sqrt{|k+4|}$가 모두 자연수가 아니고 $\sqrt{|a_3+a_4|}=\sqrt{|4-k|}$가 자연수일 때

a_1	a_2	a_3	a_4	a_5	a_6
k	$k+2$	2	$2-k$	$k-1$	$2-k$

$a_4=a_6$이므로

$\sqrt{|a_1+a_2|}=\sqrt{|2k+2|}$, $\sqrt{|a_2+a_3|}=\sqrt{|k+4|}$가 모두 자연수가 아니고 $\sqrt{|a_3+a_4|}=\sqrt{|4-k|}$가 자연수인 100이하의 k는 3, 8, 13, 20, 29, 40, 53, 68, 85

$a_5=a_7=a_9=\cdots=a_{2p+3}$, $a_4=a_6=a_8=\cdots=a_{2p+2}$($p$는 자연수)이고

k가 홀수이면 $b_3=2$, $b_k=k-1$, k가 짝수이면 $b_k=2-k$

따라서 $b_k=-18$인 $k=20$이다.

(iv) $\sqrt{|a_1+a_2|}=\sqrt{|2k+2|}$, $\sqrt{|a_2+a_3|}=\sqrt{|k+4|}$, $\sqrt{|a_3+a_4|}=\sqrt{|4-k|}$가 모두 자연수가 아니고 $\sqrt{|a_4+a_5|}=\sqrt{|4-3k|}$가 자연수일 때

a_1	a_2	a_3	a_4	a_5	a_6
k	$k+2$	2	$2-k$	$2-2k$	$2k-1$

$a_4=a_6$이므로 $2-k=2k-1$, $k=1$이지만 $\sqrt{|a_1+a_2|}=\sqrt{|2k+2|}$가 자연수가 되므로 모순

(v) $\sqrt{|a_1+a_2|}=\sqrt{|2k+2|}$, $\sqrt{|a_2+a_3|}=\sqrt{|k+4|}$, $\sqrt{|a_3+a_4|}=\sqrt{|4-k|}$, $\sqrt{|a_4+a_5|}=\sqrt{|4-3k|}$가 모두 자연수가 아닐 때

a_1	a_2	a_3	a_4	a_5	a_6
k	$k+2$	2	$2-k$	$2-2k$	$2-3k$

$a_4=a_6$이므로 $2-k=2-3k$, $k=0$이므로 모순

따라서 (i), (iii)에서 $b_k=-18$인 $k=17$, 20이므로 합은 37이다.

89 정답 ④

[출제자 : 김종렬T]
[그림 : 서태욱T]

수열 $\{a_n\}$이 등차수열이므로 수열 $\{b_n\}$도 등차수열이고
$b_n = dn + m$ (n은 자연수, m은

상수, d는 공차, $d > 0$)이다.

$$\sum_{k=1}^{n} b_{2k} = \sum_{k=1}^{n} \{2dk + m\} = 2d\sum_{k=1}^{n} k + \sum_{k=1}^{n} m$$

$$= 2d \times \frac{n(n+1)}{2} + mn = dn^2 + (m+d)n \ \text{이고}$$

$T_n = \left| dn^2 + (m+d)n \right|$은 (나)조건에 의해 아래 그림과

같으므로

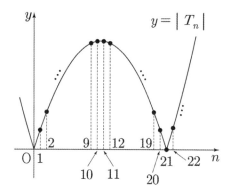

$T_n = \left| dn^2 + (m+d)n \right| = \left| dn(n-21) \right|$ 이어야 한다.

$dn^2 + (m+d)n = dn(n-21)$, $m = -22d$

$T_n = \left| dn(n-21) \right|$ 이고 $T_{25} = 150$

$\therefore \ d = \dfrac{3}{2}$ ((가)조건에 의해), $m = -33$

$\therefore \ b_n = \dfrac{3}{2} n - 33$

주어진 조건 $b_n = 2a_n - a_8$에 $n = 8$을 대입하면 $b_8 = a_8$

$\therefore \ a_8 = -21$

90 정답 ①

등차수열 $\{a_n\}$의 공차를 d라 하면 d는 정수이다.
$d = 0$이면 모든 자연수 n에 대하여 $a_n = a_1$이므로 $a_1 \leq 0$이면
$S_n \leq 0$에서 $b_n = a_n - 1 = a_1 - 1$이고 $a_1 > 0$이면 $S_n > 0$에서
$b_n = 7 - a_n = 7 - a_1$이다.
이때 조건 (나)를 만족시키지 않으므로 $d \neq 0$이다.
$d \neq 0$이므로 서로 다른 자연수 m과 n에 대하여 $a_m \neq a_n$이다.
따라서 $a_4 - 1 = a_8 - 1$, $7 - a_4 = 7 - a_8$인 경우는 존재하지
않는다.
두 수열 $\{a_n - 1\}$, $\{7 - a_n\}$은 모두 공차가 0이 아닌
등차수열이므로 조건 (가)를 만족시키려면
$b_4 = a_4 - 1$, $b_8 = 7 - a_8$
또는

$b_4 = 7 - a_4$, $b_8 = a_8 - 1$
이어야 한다.
따라서 $a_4 - 1 = 7 - a_8$ 또는 $7 - a_4 = a_8 - 1$에서
$a_4 + a_8 = 8$, $2a_6 = 8$
$\therefore \ a_6 = 4$
또한 $S_4 \leq 0$, $S_8 > 0$이거나 $S_4 > 0$, $S_8 \leq 0$ $\cdots\cdots$ ㉠
이어야 하고 $S_4 \times S_8 \leq 0$이다.
$$S_4 = \frac{4(2a_1 + 3d)}{2} = 4a_1 + 6d = 4(a_6 - 5d) + 6d = 16 - 14d$$
$$S_8 = \frac{8(2a_1 + 7d)}{2} = 8a_1 + 28d = 8(a_6 - 5d) + 28d = 32 - 12d$$
$S_4 \times S_8 \leq 0$을 만족시키는 정수 d의 값은 2뿐이다.
$\therefore \ d = 2$
따라서
$a_6 = 4$이고 $d = 2$인 등차수열 $\{a_n\}$과 조건에 맞는 수열 $\{b_n\}$을
표로 작성하면 다음과 같다.

n	1	2	3	4	5	6	7
a_n	-6	-4	-2	0	2	4	6
b_n	-7	-5	-3	-1	1	3	5

n	8	9	10	11	12	13	14
a_n	8	10	12	14	16	18	20
b_n	-1	-3	-5	-7	-9	-11	-13

표에서 $b_n \leq b_7$이므로 조건 (나)를 만족시키는 p의 값은 7이다.
따라서 $b_{2p} = b_{14} = -13$이다.

91 정답 ②

$a_1 = 10$이고 $n \leq k$인 모든 자연수 n에 대하여
$10 \leq a_n < a_{n+1}$이므로 조건 (나)를 만족시키려면
$k \leq 22$이어야 한다.

조건 (나)에서 $a_{23} = a_{24} = a_{25} = 1$이므로 $a_{24} = 1$이다.

a_1	a_2	a_3	a_4	$\cdots$
10	13	16	19	$\cdots$

$\cdots$	a_{21}	a_{22}	a_{23}	$\cdots$
$\cdots$	5	3	1	$\cdots$

수열 $\{a_n\}$은 첫째항부터 제$(k+1)$항까지 공차가 3인
등차수열을 이루므로 $a_{k+1} = 10 + 3k$이다.
수열 $\{a_n\}$은 제$(k+1)$항부터 제23항까지 공차가 -2인
등차수열을 이루므로
$a_{23} = a_{(k+1)+(22-k)} = 10 + 3k - 2(22-k) = 5k - 34 = 1$

에서 $k=7$

따라서 $a_8 = 31$

$a_{14} = a_8 + 6 \times (-2) = 31 - 12 = 19$이다.

$\therefore a_{2k} = 19$

92 정답 3

$y = \dfrac{kx - k^2 + 3}{x-k}$ 의 그래프는

$y = \dfrac{kx - k^2 + 3}{x-k} = \dfrac{3}{x-k} + k$에서 $y = \dfrac{3}{x}$의 그래프를 x축으로 k만큼, y축으로 k만큼 평행이동한 그래프이다.

$kx - y - k^2 + k = 0$의 그래프는

$y = kx - k^2 + k = k(x-k) + k$으로 $y = kx$의 그래프를 x축으로 k만큼, y축으로 k만큼 평행이동한 그래프이다.

$x - ky + k^2 - k = 0$의 그래프는

$y = \dfrac{1}{k}(x-k) + k$으로 $y = \dfrac{1}{k}x$의 그래프를 x축으로 k만큼, y축으로 k만큼 평행이동한 그래프이다.

따라서

주어진 세 그래프를 x축으로 $-k$만큼, y축으로 $-k$만큼 평행이동해서 그래프 식을 간소화 하면

곡선 $y = \dfrac{3}{x}$와 두 직선 $y = kx$, $y = \dfrac{1}{k}x$의 교점을 각각 A′, B′, C′, D′라 하고 교점의 x좌표를 각각 a', b', c', d'라 하면 네 수 d', b', a', c'가 이 순서대로 등차수열을 이룬다고 할 수 있다.

$y = \dfrac{3}{x}$와 $y = kx$의 교점의 x좌표 a', b'를 구해보자. $(b' < 0 < a')$

$\dfrac{3}{x} = kx \rightarrow x^2 = \dfrac{3}{k}$에서 $x = \pm\sqrt{\dfrac{3}{k}}$

따라서 $a' = \sqrt{\dfrac{3}{k}}$, $b' = -\sqrt{\dfrac{3}{k}}$이다.

$y = \dfrac{3}{x}$와 $y = \dfrac{1}{k}x$의 교점의 x좌표 c', d'를 구해보자. $(d' < 0 < c')$

$\dfrac{3}{x} = \dfrac{1}{k}x \rightarrow x^2 = 3k$에서 $x = \pm\sqrt{3k}$

따라서 $c' = \sqrt{3k}$, $d' = -\sqrt{3k}$이다.

네 수 d', b', a', c'는 $-\sqrt{3k}$, $-\sqrt{\dfrac{3}{k}}$, $\sqrt{\dfrac{3}{k}}$, $\sqrt{3k}$이고 이 순서로 등차수열을 이루므로

$c' - a' = a' - b'$에서 $\sqrt{3k} - \sqrt{\dfrac{3}{k}} = \sqrt{\dfrac{3}{k}} - \left(-\sqrt{\dfrac{3}{k}}\right)$

$\sqrt{3k} = 3\sqrt{\dfrac{3}{k}}$이다.

양변 제곱하면 $3k = \dfrac{27}{k}$에서 $k=3$이다.

93 정답 ①

a, b, c, d중 하나의 값이 2이므로 경우를 나누어 생각하도록 한다.

(i) $a = 2$인 경우

이 때, a, b, c, d를 다시 쓰면 2, b, c, 4가 된다.

2, b, c는 등차수열을 이루므로 $b = \dfrac{2+c}{2}$가 된다. 그리고 b, c, 4는 등비수열을 이루므로 $c^2 = 4b$가 된다. 두 식을 연립하여 b를 소거하면 $c^2 = 2(2+c)$, $c^2 - 2c - 4 = 0$. 근의 공식을 적용하면 $c = 1 \pm \sqrt{5}$. 그런데 c는 양의 실수이므로 $c = 1 + \sqrt{5}$이다.

$b = \dfrac{2+c}{2}$이므로 구한 c값을 대입하면 $b = \dfrac{3+\sqrt{5}}{2}$

$\therefore b = \dfrac{3+\sqrt{5}}{2}$, $c = 1 + \sqrt{5}$

따라서 $b + c = \dfrac{5 + 3\sqrt{5}}{2}$

(ii) $b = 2$인 경우

이 때, a, b, c, d를 다시 쓰면 a, 2, c, $2a$가 된다.

a, 2, c는 등차수열을 이루므로 $2 = \dfrac{a+c}{2}$가 된다. a에 대하여 정리하면 $a = 4 - c$.

그리고 2, c, $2a$는 등비수열을 이루므로 $c^2 = 4a$가 된다. 두 식을 연립하여 a를 소거하면 $c^2 = 4(4-c)$, $c^2 + 4c - 16 = 0$. 근의 공식을 적용하면 $c = -2 \pm 2\sqrt{5}$. 그런데 c는 양의 실수이므로 $c = -2 + 2\sqrt{5}$이다.

$\therefore b = 2$, $c = -2 + 2\sqrt{5}$

따라서 $b + c = 2\sqrt{5}$

(iii) $c = 2$인 경우

이 때, a, b, c, d를 다시 쓰면 a, b, 2, $2a$가 된다.

a, b, 2는 등차수열을 이루므로 $b = \dfrac{a+2}{2}$가 된다. a에 대하여 정리하면 $a = 2b - 2$.

그리고 b, 2, $2a$는 등비수열을 이루므로 $4 = 2ab$가 된다. 두 식을 연립하여 a를 소거하면 $4 = 2b(2b-2)$, $b^2 - b - 1 = 0$. 근의 공식을 적용하면 $b = \dfrac{1 \pm \sqrt{5}}{2}$. 그런데 b는 양의 실수이므로 $b = \dfrac{1+\sqrt{5}}{2}$이다.

$\therefore b = \dfrac{1+\sqrt{5}}{2}$, $c = 2$

따라서 $b + c = \dfrac{5+\sqrt{5}}{2}$

(iv) $d = 2$인 경우

이 때, a, b, c, d를 다시 쓰면 1, b, c, 2가 된다.

1, b, c는 등차수열을 이루므로 $b = \dfrac{1+c}{2}$가 된다. 그리고

b, c, 2는 등비수열을 이루므로 $c^2=2b$가 된다. 두 식을 연립하여 b를 소거하면 $c^2=1+c$, $c^2-c-1=0$.

근의 공식을 적용하면 $c=\dfrac{1\pm\sqrt5}{2}$. 그런데 c는 양의 실수이므로 $c=\dfrac{1+\sqrt5}{2}$ 이다.

$b=\dfrac{1+c}{2}$ 이므로 구한 c값을 대입하면 $b=\dfrac{3+\sqrt5}{4}$

$\therefore b=\dfrac{3+\sqrt5}{4}$, $c=\dfrac{1+\sqrt5}{2}$

따라서 $b+c=\dfrac{5+3\sqrt5}{4}$

(i)~(iv)에 의하여 $\dfrac{3-\sqrt5}{2}$ 는 $b+c$의 값이 될 수 없다.

따라서 정답은 ①이다.

94 정답 346

조건 (나)에서
$a_{n+1}>3$이면 $a_n=a_{n+1}-3$ 또는 $a_n=2^{a_{n+1}}$
$a_n=2^{a_{n+1}}$에서 모든 항이 100이하의 자연수이므로 $a_{n+1}\le 6$

따라서
$a_{n+1}\le 3$이면 $a_n=a_{n+1}+11$
$3<a_{n+1}\le 6$이면 $a_n=a_{n+1}-3$ 또는 $a_n=2^{a_{n+1}}$
$a_{n+1}>6$이면 $a_n=a_{n+1}-3$

정리하면

a_{14}	11					
a_{13}	8					
a_{12}	5					
a_{11}	2				32	
a_{10}	13				29	
a_9	10				26	
a_8	7				23	
a_7	4				20	
a_6	1		16		17	
a_5	12		13		14	
a_4	9		10		11	
a_3	6		7		8	
a_2	3	64	4		5	
a_1	14	61	1	16	2	32

위 표에서 최솟값은
$m=a_{14}+a_{13}+\cdots+a_1$
$=1+2+3+\cdots+13+14$
$=\displaystyle\sum_{n=1}^{14}k$
$=\dfrac{14\times15}{2}$
$=105$

a_{14}	11					
a_{13}	8					
a_{12}	5					
a_{11}	2				32	
a_{10}	13				29	
a_9	10				26	
a_8	7				23	
a_7	4				20	
a_6	1		16		17	
a_5	12		13		14	
a_4	9		10		11	
a_3	6		7		8	
a_2	3	64	4		5	
a_1	14	61	1	16	2	32

위 표에서 최댓값은
$M=11+8+5+32+\cdots+8+5+32$
$=24+\displaystyle\sum_{k=2}^{11}(3k-1)+32$
$=56+\displaystyle\sum_{k=1}^{11}(3k-1)-2$
$=56+\left(3\times\dfrac{11\times12}{2}-11\right)-2$
$=56+187-2=241$
따라서 $M+m=241+105=346$

95 정답 ①

주어진 식
$(a_{n+1}-a_n)^2+2k(a_{n+1}-a_n)+k^2-4n^2=0$을 인수분해하면
$(a_{n+1}-a_n+k+2n)(a_{n+1}-a_n+k-2n)=0$
$a_{n+1}=a_n-2n-k$ 또는 $a_{n+1}=a_n+2n-k$이다.

$a_1=k$이므로 $a_2=a_1-2-k=-2$ 또는
$a_2=a_1+2-k=2$이다.
$a_3=a_2-4-k$ 또는 $a_3=a_2+4-k$가 되는데,
$a_2=-2$이면 $a_3=-6-k$ 또는 $a_3=2-k$
$a_2=2$이면 $a_3=-2-k$ 또는 $a_3=6-k$이다.

$a_1=|a_3|$이므로
$a_3=-6-k$라면 $k=|-6-k|$인 자연수 k가 존재하지 않는다.

$a_3 = 2 - k$ 라면 $k = |2-k|$ 를 만족하는 자연수 $k=1$

$a_3 = -2 - k$ 라면 $k = |-2-k|$ 인 자연수 k 가 존재하지 않는다.

$a_3 = 6 - k$ 라면 $k = |6-k|$ 를 만족하는 자연수 $k=3$

따라서

$k=1$ 이라면 $a_{n+1} = a_n - 2n - 1$ 또는 $a_{n+1} = a_n + 2n - 1$

$k=3$ 이라면 $a_{n+1} = a_n - 2n - 3$ 또는 $a_{n+1} = a_n + 2n - 3$ 이

가능하다.

$\displaystyle\sum_{n=1}^{20}(a_{n+1}-a_n)$ 의 최솟값이 되기 위해서는

$a_{n+1} - a_n = -2n - 3$ 일 때 이므로

$\displaystyle\sum_{n=1}^{20}(-2n-3) = -2 \cdot \frac{20 \cdot 21}{2} - 60 = -480$ 이다.

96 정답 ③

$|na_n| \le \dfrac{1}{n+1}$ 에서 $-\dfrac{1}{n(n+1)} \le a_n \le \dfrac{1}{n(n+1)}$ 이다.

$\left\{ a_n a_{n+1} - \dfrac{a_{n+1}}{n(n+1)} \right\}\left\{ a_n a_{n+1} - \dfrac{a_n}{(n+1)(n+2)} \right\} = 0$ 에서

$a_n a_{n+1}\left\{ a_n - \dfrac{1}{n(n+1)} \right\}\left\{ a_{n+1} - \dfrac{1}{(n+1)(n+2)} \right\} = 0$

$a_n = 0$ 또는 $a_{n+1} = 0$

또는 $a_n = \dfrac{1}{n(n+1)}$ 또는 $a_{n+1} = \dfrac{1}{(n+1)(n+2)}$ 이면 된다.

$\displaystyle\sum_{n=1}^{6} a_n$ 의 최댓값은 $a_n = \dfrac{1}{n(n+1)}$ 일 때다.

따라서

$M = \displaystyle\sum_{n=1}^{6} \dfrac{1}{n(n+1)}$

$= \displaystyle\sum_{n=1}^{6}\left(\dfrac{1}{n} - \dfrac{1}{n+1} \right)$

$= 1 - \dfrac{1}{7} = \dfrac{6}{7}$

$\displaystyle\sum_{n=1}^{6} a_n$ 의 최솟값은 짝수항이 0 이고 홀수항이 $-\dfrac{1}{n(n+1)}$ 일 때다.

$\left(\because a_n = -\dfrac{1}{n(n+1)} \text{일 때}, a_1 = -\dfrac{1}{2} < a_2 = -\dfrac{1}{6} \right)$

따라서

$m = -\dfrac{1}{1 \times 2} - \dfrac{1}{3 \times 4} - \dfrac{1}{5 \times 6}$

$= -\left(\dfrac{1}{2} + \dfrac{1}{12} + \dfrac{1}{30} \right)$

$= -\left(\dfrac{30+5+2}{60} \right) = -\dfrac{37}{60}$

$M \times m = \dfrac{6}{7} \times \left(-\dfrac{37}{60} \right) = -\dfrac{37}{70}$

97 정답 23

(가)에서 $n=6$ 일 대입하면

$a_7 = \begin{cases} 2a_6 & (a_6 < 10) \\ a_6 - 2 & (a_6 \ge 10) \end{cases}$ 에서

(i) $a_6 < 10$ 일 때, $a_7 = 2a_6$ 이다.

㉠ $a_6 < 5$ 일 때, $a_7 < 10$ 이므로 $a_8 = 2a_7 = 4a_6$ 이다.

(나)에서 $4a_6 = a_6 + 12$ 이므로 $a_6 = 4$ 이다.

a_6	a_5	a_4	a_3	a_2	a_1
4	2	1	$\dfrac{1}{2}$	$\dfrac{1}{4}$	$\dfrac{1}{8}$

a_7	a_8	a_9	a_{10}	a_{11}	a_{12}	a_{13}	$\cdots$
8	16	14	12	10	8	16	$\cdots$

$a_7 = a_{12} = a_{17} = a_{22} = \cdots = 8$

$a_8 = a_{13} = a_{18} = a_{23} = \cdots = 16$

$a_9 = a_{14} = a_{19} = a_{24} = \cdots = 14$

$a_{10} = a_{15} = a_{20} = a_{25} = \cdots = 12$

$a_{11} = a_{16} = a_{21} = a_{26} = \cdots = 10$

$\displaystyle\sum_{n=1}^{4} a_n a_{31-3n}$

$= a_1 a_{28} + a_2 a_{25} + a_3 a_{22} + a_4 a_{19}$

$= \dfrac{1}{8} \times 16 + \dfrac{1}{4} \times 12 + \dfrac{1}{2} \times 8 + 1 \times 14$

$= 2 + 3 + 4 + 14 = 23$

㉡ $5 \le a_6 < 10$ 일 때, $a_7 \ge 10$ 이므로

$a_8 = a_7 - 2 = 2a_6 - 2$ 이다.

(나)에서 $2a_6 - 2 = a_6 + 12$ 이므로 $a_6 = 14$ (모순)

(ii) $a_6 \ge 10$ 일 때, $a_7 = a_6 - 2$ 이다.

㉠ $10 \le a_6 < 12$ 일 때, $8 \le a_7 < 10$ 이므로

$a_8 = 2a_7 = 2a_6 - 4$ 이다.

(나)에서 $2a_6 - 4 = a_6 + 12$ 이므로 $a_6 = 16$ (모순)

㉡ $a_6 \ge 12$ 일 때, $a_7 \ge 10$ 이므로 $a_8 = a_7 - 2 = a_6 - 4$ 이다.

(나)에서 $a_6 - 4 = a_6 + 12$ 이므로 모순이다.

(i), (ii)에서

$\displaystyle\sum_{n=1}^{4} a_n a_{31-3n} = 23$ 이다.

98 정답 782

$a_1 > 1$이므로

$a_2 = |2a_1 - 1| + 3 = 2a_1 + 2$

$a_3 = -\dfrac{1}{2}a_2 = -a_1 - 1$

$a_3 < -2$이므로

$a_4 = |2a_3 - 1| + 3 = |-2a_1 - 3| + 3 = 2a_1 + 6$

$a_5 = -\dfrac{1}{2}a_4 = -a_1 - 3$

$a_5 < -4$이므로

$a_6 = |2a_5 - 1| + 3 = |-2a_1 - 7| + 3 = 2a_1 + 10$

$a_7 = -\dfrac{1}{2}a_6 = -a_1 - 5$

$\vdots$

따라서 2이상의 모든 자연수 m에 대하여

$a_m = \begin{cases} 2a_1 + 2m - 2 & (m\text{이 짝수인 경우}) \\ -a_1 - m + 2 & (m\text{이 홀수인 경우}) \end{cases}$

이다.

$a_{13} = -a_1 - 11 > -16$

$-a_1 > -5$에서 $a_1 < 5$이다.

따라서 $1 < a_1 < 5$ $\cdots$ ㉠

모든 자연수 n에 대하여 $a_{2n} + a_{2n+1} = a_1 + 2n - 1$이다.

$\displaystyle\sum_{k=1}^{50} a_k$

$= a_1 + \left(\displaystyle\sum_{k=2}^{49} a_k\right) + a_{50}$

$= a_1 + \displaystyle\sum_{n=1}^{24}\left(a_{2n} + a_{2n+1}\right) + 2a_1 + 98$

$= 3a_1 + 98 + \displaystyle\sum_{n=1}^{24}\left(a_1 + 2n - 1\right)$

$= 3a_1 + 98 + 24a_1 + \dfrac{24(1+47)}{2}$

$= 27a_1 + 674$

㉠에서 a_1의 최댓값이 4이므로

$\displaystyle\sum_{k=1}^{50} a_k \leq 4 \times 27 + 674 = 108 + 674 = 782$

99 정답 ①

(i) m이 7의 배수일 때,

a_1	a_2	a_3	a_4	a_5	a_6	$\cdots$
0	$3m$	$6m$	$9m$	$12m$	$15m$	$\cdots$

$m = 7a$(a는 자연수)라 하면

$a_n = 21an - 21a$

$21a(n-1) = 567$

$n - 1 = \dfrac{27}{a}$

a는 27의 약수이면 된다.

a의 값은 1, 3, 9, 27이고

m의 값은 7, 21, 63, 189이다.

따라서 m의 값의 합은 $7 + 21 + 63 + 189 = 280$이다.

(ii) m이 7의 배수가 아닐 때,

a_1	a_2	a_3	a_4	a_5	a_6	a_7	a_8
0	m	$2m$	$3m$	$4m$	$5m$	$6m$	$7m$

a_9	a_{10}	a_{11}	a_{12}	a_{13}	a_{14}	a_{15}	$\cdots$
$10m$	$11m$	$12m$	$13m$	$14m$	$17m$	$18m$	$\cdots$

따라서 m이 7의 배수가 아닐 때, $\{a_n\}$에는 7의 배수인 항이 $7m$, $14m$, $21m$, $28m$, $\cdots$등이 나타난다.

$567 = 3^4 \times 7$이므로

$7m = 7 \times m = 3^4 \times 7 \Rightarrow m = 81$

$21m = 3 \times 7 \times m = 3^4 \times 7 \Rightarrow m = 27$

$63m = 3^2 \times 7 \times m = 3^4 \times 7 \Rightarrow m = 9$

$189m = 3^3 \times 7 \times m = 3^4 \times 7 \Rightarrow m = 3$

$567m = 3^4 \times 7 \times m = 3^4 \times 7 \Rightarrow m = 1$

따라서 가능한 m의 값의 합은 $1 + 3 + 9 + 27 + 81 = 121$이다.

(i), (ii)에서

$280 + 121 = 401$

이다.

100 정답 ⑤

$a_5 = 2$이므로

$a_6 = 2 \times 2 - 4 = 0$

$a_7 = 0 + 2 = 2$

$a_8 = 2 \times 2 - 4 = 0$

$\vdots$

따라서

$\displaystyle\sum_{k=5}^{100} a_k = 2 + 0 + 2 + 0 + \cdots + 2 + 0$

$= 2 \times 48 = 96$

한편,

a_1	a_2	a_3	a_4	a_5
$\dfrac{31}{8}$ $\dfrac{7}{4}$(X)	$\dfrac{15}{4}$	$\dfrac{7}{2}$	3	2

	$\frac{3}{2}$ (X)			
		1 (X)		
$\frac{7}{2}$	3			
		2		
1 (X)				
2	0			
-2				
$\frac{5}{2}$			0	
	1			
-1		-2		
0 (X)				
-6	-4			

표에서 a_1으로 가능한 값을 크기순으로 나열하면

$a_1=-6$, $a_1=-2$, $a_1=-1$, $a_1=2$, $a_1=\frac{5}{2}$, $a_1=\frac{7}{2}$,

$a_1=\frac{31}{8}$

이다.

α_2는 $a_1=-1$일 때이므로

$\alpha_2=\sum_{k=1}^{100}a_k$

$=\sum_{k=1}^{4}a_k+\sum_{k=5}^{100}a_k$

$=(-1)+1+(-2)+0+96$

$=94$

$m=7$이므로

$\alpha_{m-1}=\alpha_6$이고 α_6은 $a_1=\frac{7}{2}$일 때다.

$\alpha_6=\sum_{k=1}^{100}a_k$

$=\sum_{k=1}^{4}a_k+\sum_{k=5}^{100}a_k$

$=\left(\frac{7}{2}\right)+3+2+0+96$

$=\frac{7}{2}+101=\frac{209}{2}$

그러므로

$\alpha_2+\alpha_6=94+\frac{209}{2}=\frac{397}{2}$

101 정답 510

$\log_{a_n}(S_n+2)-\log_{\frac{S_n+2}{2}}2=1$에서 $S_n+2=T_n$이라 하면

$\dfrac{\log_2 T_n}{\log_2 a_n}-\dfrac{1}{\log_2 T_n-1}=1$

$\log_2 T_n(\log_2 T_n-1)-\log_2 a_n=\log_2 a_n(\log_2 T_n-1)$

$(\log_2 T_n)^2-\log_2 T_n-\log_2 a_n=\log_2 a_n\times\log_2 T_n-\log_2 a_n$

$\log_2 T_n-1=\log_2 a_n$ $(\because T_n>1)$

$\log_2(S_n+2)=\log_2 2a_n$

따라서 $S_n+2=2a_n$

양변에 $n=1$을 대입하면 $S_1=a_1$이므로

$a_1+2=2a_1$

$\therefore a_1=2$

$n\geq 2$일 때 $S_n-S_{n-1}=a_n$이므로

$S_n=2a_n-2$

$S_{n-1}=2a_{n-1}-2$

$a_n=2a_n-2a_{n-1}$

$a_n=2a_{n-1}$ $(n\geq 2)$

수열 $\{a_n\}$은 $a_1=2$, 공비가 2인 등비수열이다.

$a_n=2^n$

$S_n=2^{n+1}-2$

$S_8=2^9-2=510$

[다른 풀이]-유승희T

$\log_{a_n}(S_n+2)=\log_{\frac{S_n+2}{2}}2+1$

$\qquad=\log_{\frac{S_n+2}{2}}2+\log_{\frac{S_n+2}{2}}\frac{S_n+2}{2}$

$\qquad=\log_{\frac{S_n+2}{2}}(S_n+2)$

$S_n+2>1$이므로 $a_n=\dfrac{S_n+2}{2}$

$\therefore S_n=2a_n-2$

102 정답 ③

$p>q$인 두 실수 p와 q에 대하여

a_m	a_{m+1}	a_{m+2}	a_{m+3}
p	q	p	q

라 하자.

$a_m>a_{m+1}$이므로

$a_{m+2}=2a_m-3a_{m+1}$에서 $p=2p-3q$

$\therefore p=3q$

a_m	a_{m+1}	a_{m+2}	a_{m+3}
$3q$	q	$3q$	q

$a_{m+1}<a_{m+2}$이므로 $a_{m+3}=a_{m+2}-4(m+1)$에서

$q=3q-4(m+1)$에서 $q=2(m+1)$

따라서 $a_{m+1}=2(m+1)$

a_m	a_{m+1}	a_{m+2}	a_{m+3}
$6(m+1)$	$2(m+1)$	$6(m+1)$	$2(m+1)$

m이 2이상의 자연수이므로 a_{m-1}이 존재하므로

$$a_{m+1} = \begin{cases} 2a_{m-1} - 3a_m & (a_{m-1} \geq a_m) \\ a_m - 4(m-1) & (a_{m-1} < a_m) \end{cases} \text{에서}$$

(i) $a_{m-1} < a_m$일 때,

$a_{m+1} = a_m - 4(m-1)$에서

$2(m+1) \neq 6(m+1) - 4(m-1)$이므로 모순

(ii) $a_{m-1} \geq a_m$일 때,

$a_{m+1} = 2a_{m-1} - 3a_m$에서

$2a_{m-1} = 2(m+1) + 18(m+1)$

$a_{m-1} = 10(m+1)$이다.

a_{m-1}	a_m	a_{m+1}	a_{m+2}	a_{m+3}
$10(m+1)$	$6(m+1)$	$2(m+1)$	$6(m+1)$	$2(m+1)$

$m=2$일 때, $a_1 = 30$로 $70 < a_1 < 80$에 모순이다.

$m > 3$일 때, a_{m-2}가 존재하므로

$$a_m = \begin{cases} 2a_{m-2} - 3a_{m-1} & (a_{m-2} \geq a_{m-1}) \\ a_{m-1} - 4(m-2) & (a_{m-2} < a_{m-1}) \end{cases}$$

(i) $a_{m-2} < a_{m-1}$일 때,

$a_m = a_{m-1} - 4(m-2)$에서

$6(m+1) \neq 10(m+1) - 4(m-2)$이므로 모순

(ii) $a_{m-2} \geq a_{m-1}$일 때,

$a_m = 2a_{m-2} - 3a_{m-1}$에서

$2a_{m-2} = 6(m+1) + 30(m+1)$

$a_{m-2} = 18(m+1)$이다.

a_{m-2}	a_{m-1}	a_m	a_{m+1}	a_{m+2}	a_{m+3}
$18(m+1)$	$10(m+1)$	$6(m+1)$	$2(m+1)$	$6(m+1)$	$2(m+1)$

$m=3$일 때, $a_1 = 18 \times 4 = 72$

따라서 $m=3$이다.

a_1	a_2	a_3	a_4	a_5	a_6
72	40	24	8	24	8

$\displaystyle\sum_{n=1}^{6} a_n$

$= 72 + 40 + 24 + 8 + 24 + 8$

$= 176$

103 정답 80

$a_1 = 1$, $a_3 = 12$이고 $a_2 = p$라 하면

$a_{n+2} = \displaystyle\sum_{k=a_n}^{a_{n+1}} (2k-5)$의 $n=1$을 대입하면

$a_3 = \displaystyle\sum_{k=a_1}^{a_2} (2k-5) = \sum_{k=1}^{p} (2k-5) = \frac{p(-3+2p-5)}{2} = p(p-4)$

$= 12$

$p^2 - 4p - 12 = 0$

$(p-6)(p+2) = 0$

$\therefore a_2 = 6$

$a_{n+2} = \displaystyle\sum_{k=a_n}^{a_{n+1}} (2k-5)$의 $n=2$을 대입하면

$a_4 = \displaystyle\sum_{k=a_2}^{a_3} (2k-5) = \sum_{k=6}^{12} (2k-5) = \frac{7(7+19)}{2} = 91$

$n=3$을 대입하면

$a_5 = \displaystyle\sum_{k=a_3}^{a_4} (2k-5) = \sum_{k=12}^{91} (2k-5) = \frac{80(19+177)}{2}$

$= 7840$

$\dfrac{a_5}{a_2 + a_4 + 1} = \dfrac{7840}{6 + 91 + 1} = \dfrac{7840}{98} = 80$

104 정답 20

수열 $\{a_n\}$을 나열하면 다음과 같다.

n	1	2	3	4	5	6
a_n	a	$a+d$	$a+2d$	$a+3d$	$a+4d$	$a+5d$
$(-1)^n a_n$	$-a$	$a+d$	$-a-2d$	$a+3d$	$-a-4d$	$a+5d$
S_n	$-a$	d	$-a-d$	$2d$	$-a-2d$	$3d$
T_n	a	$2a+d$	$3a+3d$	$4a+6d$	$5a+10d$	$\cdots$

7	8	9	10	11
$a+6d$	$a+7d$	$a+8d$	$a+9d$	$a+10d$
$-a-6d$	$a+7d$	$-a-8d$	$a+9d$	$-a-10d$
$-a-3d$	$4d$	$-a-4d$	$5d$	$-a-5d$
$\cdots$	$\cdots$	$\cdots$	$\cdots$	$\cdots$

이 때, (가)조건에 의해 $7d = -21$이므로, $d = -3$임을 알 수 있다.

한편, (나)조건에서 $T_4 < T_5$, $T_5 > T_6$이 성립하려면 $\{T_n\}$의 첫째항은 양수이며 $n=5$일 때까지 a_n은 양의 값이 나와야 하므로,

$a_1 > a_2 > a_3 > a_4 > a_5 > 0$이 되어야 한다.

이 때, 위의 표처럼

$S_5 \times T_5 = (-a+6) \times (5a-30) = -320$이므로

$a = -2, 14$인데,

조건 (나)가 성립하려면 $a = 14$이어야 한다.

따라서 $a_n = 14 + (n-1)(-3) = -3n + 17$ 이며,

수열 $\{T_n\}$의 최솟값은

$T_{10} = 5$, $S_{13} = 6d + (-a - 12d) = -a - 6d = -14 + 18 = 4$

따라서 $S_{13} \times m = 20$임을 알 수 있다.

[다른 풀이]—이태형T

(가)

$S_{14} = -a_1 + a_2 - a_3 + a_4 - \cdots - a_{13} + a_{14} = 7d$

$\therefore d = -3$

(나)

$T_4 < T_5$, $T_5 > T_6$ 이 성립하려면 등차수열 $\{a_n\}$은 $a_1 > 0$,

$a_5 > 0$, $a_6 < 0$을 만족시켜야 한다.

$S_5 \times T_5 = (-a_1 + 6)\left\{\dfrac{5(2a_1 - 12)}{2}\right\} = -320$

$\therefore a_1 = 14$

$\therefore a_n = -3n + 17$

$S_{13} = -a_1 + a_2 - a_3 + a_4 - \cdots - a_{13}$

$= 6d - (a_1 + 12d) = -a_1 - 6d = 4$

$T_n = \dfrac{n(-3n + 31)}{2}$ 이므로 $n = 5$일 때 최솟값 5를 가진다.

$\therefore S_{13} \times m = 4 \cdot 5 = 20$

105 정답 10

등비수열 $\{a_n\}$의 공비를 r $(r \neq 1)$이라 하면

$a_n = a_1 r^{n-1}$이다.

(나)에서 변변 곱하면 $b_{2n}b_{2n+1} = b_{2n-1}b_{2n} \times (a_1^2 r^{4n-2}) \div (a_1^2 r^{4n})$

이고

$\dfrac{b_{2n+1}}{b_{2n-1}} = \dfrac{1}{r^2}$

따라서 수열 $\{b_{2n-1}\}$은 첫째항이 b_1이고 공비가 $\dfrac{1}{r^2}$인

등비수열이다.

따라서 $b_{15} = b_1 \left(\dfrac{1}{r^2}\right)^7 = \dfrac{2a_1}{r^{14}} = 10\sqrt{2}$

(다)에서 $b_{15} = a_{15} = a_1 r^{14} = 10\sqrt{2}$ 이므로

$\dfrac{2a_1}{r^{14}} = 10\sqrt{2}$, $a_1 r^{14} = 10\sqrt{2}$

$2a_1^2 = 200$

$a_1^2 = 100$

$\therefore a_1 = 10$

106 정답 3

(가), (나)의 양변을 변끼리 더하면

$a_{4n-2} + a_{4n-1} + a_{4n} + a_{4n+1} = 2a_n$이다.

$n = 1, 2, 3, 4, \cdots$을 대입하면

$a_2 + a_3 + a_4 + a_5 = 2a_1 \cdots$ ㉠

$a_6 + a_7 + a_8 + a_9 = 2a_2$

$a_{10} + a_{11} + a_{12} + a_{13} = 2a_3$

$a_{14} + a_{15} + a_{16} + a_{17} = 2a_4$

$a_{18} + a_{19} + a_{20} + a_{21} = 2a_5$

에서 $a_6 + \cdots + a_{21} = 2(a_2 + a_3 + a_4 + a_5) = 2^2 a_1 \cdots$ ㉡

같은 방법으로

$a_{22} + \cdots + a_{85} = 2(a_6 + \cdots + a_{21}) = 2^3 a_1 \cdots$ ㉢

$a_{86} + \cdots + a_{341} = 2(a_{22} + \cdots + a_{85}) = 2^4 a_1 \cdots$ ㉣

따라서 ㉠~㉣에서

$\displaystyle\sum_{n=1}^{341} a_n = a_1 + (a_2 + a_3 + a_4 + a_5) + (a_6 + \cdots + a_{21})$

$\quad + (a_{22} + \cdots + a_{85}) + (a_{86} + \cdots + a_{341})$

$= a_1(1 + 2 + 2^2 + 2^3 + 2^4)$

$= a_1 \times \dfrac{2^5 - 1}{2 - 1} = 31a_1 = 93$

$\therefore a_1 = 3$이다.

107 정답 2

(가)의 식의 n에 $n+1$을 대입하면

$a_{n+2} = 2a_{n+1} + b_{n+1}$

$\quad = 2(2a_n + b_n) + a_n - 2b_n = 5a_n$

(나)의 식의 n에 $n+1$을 대입하면

$b_{n+2} = a_{n+1} - 2b_{n+1}$

$\quad = 2a_n + b_n - 2(a_n - 2b_n) = 5b_n$

따라서

$a_{n+2} - b_{n+2} = 5(a_n - b_n)$이다.

$c_n = a_n - b_n$이라 하면 $c_{n+2} = 5c_n$이다.

$\displaystyle\sum_{n=1}^{10} (a_n - b_n)$

$= \displaystyle\sum_{n=1}^{10} c_n$

$= c_1 + c_2 + \displaystyle\sum_{n=1}^{8} c_{n+2}$

$= c_1 + c_2 + 5\displaystyle\sum_{n=1}^{8} c_n$

$= c_1 + c_2 + 5\left(c_1 + c_2 + \displaystyle\sum_{n=1}^{6} c_{n+2}\right)$

$= 6(c_1 + c_2) + 5\displaystyle\sum_{n=1}^{6} c_{n+2}$

$$= 6(c_1 + c_2) + 5\left(5\sum_{n=1}^{6} c_n\right)$$

$$= 6(c_1 + c_2) + 25(c_1 + c_2) + 5\left(5\sum_{n=1}^{4} c_{n+2}\right)$$

$$= 31(c_1 + c_2) + 25\sum_{n=1}^{4} c_{n+2}$$

$$= 31(c_1 + c_2) + 25\sum_{n=1}^{4} 5c_n$$

$$= 31(c_1 + c_2) + 125(c_1 + c_2 + c_3 + c_4)$$

$$= 156(c_1 + c_2) + 125(c_3 + c_4)$$

$$= 156(c_1 + c_2) + 125 \times 5(c_1 + c_2)$$

$$= 781(c_1 + c_2)$$

$$= 781(a_1 - b_1 + a_2 - b_2)$$

$$= 1562$$

따라서 $a_1 + a_2 - b_1 - b_2 = 2$

[다른 풀이]

$a_1 - b_1 = \alpha$, $a_2 - b_2 = \beta$라 하면

$$\sum_{n=1}^{10} (a_n - b_n)$$

$$= (a_1 - b_1) + (a_2 - b_2) + (a_3 - b_3) + \cdots + (a_{10} - b_{10})$$

$$= \alpha + \beta + 5\alpha + 5\beta + \cdots + 5^5\alpha + 5^5\beta$$

$$= \frac{\alpha(5^5 - 1)}{5 - 1} + \frac{\beta(5^5 - 1)}{5 - 1}$$

$$= 781(\alpha + \beta) = 1562$$

$$\therefore \ \alpha + \beta = 2$$

[팁]

(가), (나)에 $n=9$을 대입한 뒤 변변 빼면

$$a_{10} - b_{10} = a_9 + 3b_9$$

$$= 2a_8 + b_8 + 3a_8 - 6b_8$$

$$= 5a_8 - 5b_8 = 5(a_8 - b_8)$$

마찬가지로

n에 $n+1$을 대입한 뒤 변변 빼면

$$a_{n+2} - b_{n+2} = 2a_{n+1} + b_{n+1} - (a_{n+1} - 2b_{n+1})$$

$$= a_{n+1} + 3b_{n+1}$$

$$= 2a_n + b_n + 3a_n - 6b_n$$

$$= 5(a_n - b_n)$$

임을 추론 할 수 있다.

108 정답 385

꼭짓점의 x, y좌표가 자연수이므로 제1사분면에서만 생각해보자.

(i) $n=3$일 때

$f(x) = \dfrac{1}{3-x}$ 이므로 점근선은 $x=3$이고 $(2, 1)$을 지난다.

따라서 $f^{-1}(x)$는 점근선이 $y=3$이고 $(1, 2)$을 지난다.
다음 그림과 같이 한 변의 길이가 1인 정사각형의 개수가 $1^2 = 1$

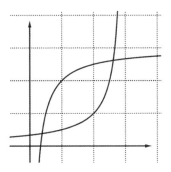

(ii) $n=4$일 때

$f(x) = \dfrac{1}{4-x}$ 이므로 점근선은 $x=4$이고 $(3, 1)$을 지난다.

따라서 $f^{-1}(x)$는 점근선이 $y=4$이고 $(1, 3)$을 지난다.
다음 그림과 같이 한 변의 길이가 1인 정사각형의 개수가 $2^2 = 4$

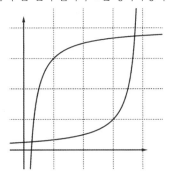

(iii) $n=5$일 때

$f(x) = \dfrac{1}{5-x}$ 이므로 점근선은 $x=5$이고 $(4, 1)$을 지난다.

따라서 $f^{-1}(x)$는 점근선이 $y=5$이고 $(1, 4)$을 지난다.

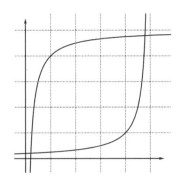

다음 그림과 같이 한 변의 길이가 1인 정사각형의 개수가 $3^2 = 9$ 따라서 $n=k$일 때

$f(x) = \dfrac{1}{k-x}$ 이므로 점근선은 $x=k$이고 $(k-1, 1)$을 지난다.

따라서 $f^{-1}(x)$는 점근선이 $y=k$이고 $(1, k-1)$을 지난다.
한 변의 길이가 1인 정사각형의 개수가 $(k-2)^2$이다.

$$\therefore \ a_k = (k-2)^2$$

$$\sum_{n=3}^{12} a_n$$

$$= \sum_{n=3}^{12} (n-2)^2 = \sum_{n=1}^{10} n^2 = \frac{10 \times 11 \times 21}{6} = 385$$

109 정답 134

등차수열 $\{b_n\}$의 항의 개수가 홀수 개 이므로 수열의 모든 항의 합은 (중간항×항의개수)임을 알 수 있다.

이때, $120 = 3 \times 5 \times 8$이므로 항의 개수가 될 수 있는 n의 값은 3, 5, 15가 가능하다. 따라서 $n_1 = 3$, $n_2 = 5$, $n_3 = 15$

따라서 $t = 3 \cdots$ ⓐ

(i) $n = n_1 = 3$일 때, 중간항이 $b_2 = 40$이므로

b_1, $b_2 = b_1 + d = 40$, $b_3 = b_2 + d$ 이다.

$b_1 = 40 - d$에서 $b_1 \le k$이므로 $40 - d \le k$이고 $d \le k$에서 $k \ge 20$이다.

즉, $k \ge 20$일 때만 생각하면 된다.

㉠ $k = 20$일 때,

$b_1 = 40 - d$, $b_1 \le 20$, $d \le 20$

$(b_1, d) = (20, 20)$일 때, $\{b_n\}$: 20, 40, 60으로 $D_{20} = 1$

㉡ $k = 21$일 때,

$b_1 = 40 - d$, $b_1 \le 21$, $d \le 21$

$(b_1, d) = (19, 21)$일 때, $\{b_n\}$: 19, 40, 61

$(b_1, d) = (20, 20)$일 때, $\{b_n\}$: 20, 40, 60

$(b_1, d) = (21, 19)$일 때, $\{b_n\}$: 21, 40, 59

으로 $D_{21} = 3$

㉢ $k = 22$일 때,

$b_1 = 40 - d$, $b_1 \le 22$, $d \le 22$

$(b_1, d) = (18, 22)$일 때, $\{b_n\}$: 18, 40, 62

$(b_1, d) = (19, 21)$일 때, $\{b_n\}$: 19, 40, 61

$(b_1, d) = (20, 20)$일 때, $\{b_n\}$: 20, 40, 60

$(b_1, d) = (21, 19)$일 때, $\{b_n\}$: 21, 40, 59

$(b_1, d) = (22, 18)$일 때, $\{b_n\}$: 22, 40, 58

으로 $D_{22} = 5$

같은 방법으로 $D_{23} = 7$, $D_{24} = 9$, $\cdots$을 알 수 있다.

D_k는 첫째항이 $D_{20} = 1$이고 공차가 2인 등차수열을 나타낸다.

즉, $D_k - D_{k-1} = 2$을 만족한다.

$\Rightarrow D_{19+n} = 2n - 1$ $(n = 1, 2, 3, \cdots, 20)$

[랑데뷰팁]

$n = 21$이면 $k = 40$으로 $D_{40} = 41$이지만

$b_1 = 40 - d$, $b_1 \le 40$, $d \le 40$

$d = 40$일 때, $b_1 = 0$인 경우도 포함되므로 조건에 모순이다.

이때, $D_k - D_{k-1} = 2$을 만족하는 $k = 21$부터 이므로 가능한 모든 D_k의 합은

$$\sum_{n=2}^{20} D_{19+n} = \sum_{n=1}^{20} D_{19+n} - D_1 = \sum_{n=1}^{20} (2n-1) - 1$$

$$= \frac{20 \times (1+39)}{2} - 1 = 399 \cdots ⓑ$$

(ii) $n = n_2 = 5$일 때, 중간항이 $b_3 = 24$이므로

b_1, $b_2 = b_1 + d$, $b_3 = 24$, $b_4 = b_3 + d$, $b_5 = b_4 + d$에서 $24 = b_1 + 2d$이므로 $b_1 = 24 - 2d$를 만족하는 순서쌍을 구해보면,

$(b_1, d) = (22, 1)$, $(20, 2)$, $(18, 3)$, $(16, 4)$, $\cdots$, $(2, 11)$ 이다.

예를 들어

$b_1 = 22$, $d = 1$일 때, $\{b_n\}$: 22, 23, 24, 25, 26

$b_1 = 20$, $d = 2$일 때, $\{b_n\}$: 20, 22, 24, 26, 28

$\cdots \quad \cdots \quad \cdots$

$b_1 = 4$, $d = 10$일 때, $\{b_n\}$: 4, 14, 24, 34, 44

$b_1 = 2$, $d = 11$일 때, $\{b_n\}$: 2, 13, 24, 35, 46

으로 {[랑데뷰팁] 직접 모두 구해보기 바란다.}

$n = 5$일 때

$22 \le k \le 40$인 k에 대하여 $D_k = 11$

$D_{21} = D_{20} = 10$

$D_{19} = D_{18} = 9$

$D_{17} = D_{16} = 8$

$D_{15} = D_{14} = 7$

$D_{13} = D_{12} = 6$

$D_{11} = 5 \leftarrow (b_1, d) = (10, 7)$, $(6, 9)$, $(8, 8)$, $(4, 10)$, $(2, 11)$

$D_{10} = 4 \leftarrow (b_1, d) = (10, 7)$, $(6, 9)$, $(8, 8)$, $(4, 10)$

$D_9 = 2 \leftarrow (b_1, d) = (6, 9)$, $(8, 8)$

$D_8 = 1 \leftarrow (b_1, d) = (8, 8)$

$D_k - D_{k-1} = 2$을 만족하는 $k = 10$이 유일하다.

$D_{10} = 4 \cdots$ ⓒ

(iii) $n = n_3 = 15$일 때, 중간항이 $b_8 = 8$이므로

$\{b_n\}$: 1, , , , , , , 8, , , , , , , 15

따라서 $a_1 = 1$, $d = 1$로 유일하므로

$n = 15$일 때는 $10 \le k \le 40$의 모든 k에 대하여 $\{b_n\}$의 개수는 1이다.

$D_k - D_{k-1} = 2$을 만족하는 k는 존재하지 않는다.

따라서 ⓐ, ⓑ, ⓒ에서

$t=3$, $s=399+4=403$

따라서 $\dfrac{s-1}{3}=\dfrac{402}{3}=134$

110 정답 256

(i) $a_1=3k$일 때,

a_1	a_2	a_3	a_4	a_5	a_6	$\cdots$
$3k$	$3k+5$	$3k+3$	$3k+8$	$3k+6$	$3k+11$	$\cdots$

수열 $\{a_n\}$은 증가하는 수열이므로 양수항이 되기 직전까지의 합이 최소이다.

따라서 (나)에서 첫째항부터 제n항까지의 합의 최솟값이 존재하기 위해서는 $a_1<0$이고 마지막 음수항은 홀수항이다.

따라서 홀수항은 첫째항이 $3k$이고 공차가 3인 등차수열이므로 마지막항은 -3이다. 항의 개수는 $-k$이므로

홀수항의 합은 $\dfrac{-k(3k-3)}{2}=\dfrac{-3k^2+3k}{2}$

짝수항은 첫째항이 $3k+5$이고 공차가 3인 등차수열이므로 마지막항은 -1이다. 항의 개수는 $-k-1$이므로

짝수항의 합은 $\dfrac{(-k-1)(3k+5-1)}{2}=\dfrac{-3k^2-7k-4}{2}$

따라서 $\dfrac{-6k^2-4k-4}{2}=-3k^2-2k-2\cdots\text{㉠}$

$-3k^2-2k-2=-114$

$3k^2+2k-112=0$

$k=\dfrac{-1\pm\sqrt{337}}{3}$ (모순)

(ii) $a_1=3k-1$일 때,

a_1	a_2	a_3	a_4	a_5	a_6	$\cdots$
$3k-1$	$3k-3$	$3k+2$	$3k$	$3k+5$	$3k+3$	$\cdots$

제4항이후는 (i)의 $a_1=3k$인 경우와 같으므로 합은 ㉠에서

$(3k-1)+(3k-3)+(3k+2)+(-3k^2-2k-2)$

$=-3k^2+7k-4\cdots\text{㉡}$

$-3k^2+7k-4=-114$

$3k^2-7k-110=0$

$(k+5)(3k-22)=0$

$\therefore k=-5$

(iii) $a_1=3k-2$일 때,

a_1	a_2	a_3	a_4	a_5	a_6	$\cdots$
$3k-2$	$3k-4$	$3k-6$	$3k-1$	$3k-3$	$3k+2$	$\cdots$

제4항이후는 (ii)의 $a_1=3k-1$인 경우와 같으므로 합은 ㉡에서

$-3k^2+7k-4$

$(3k-2)+(3k-4)+(3k-6)+(-3k^2+7k-4)$

$=-3k^2+16k-16=-114$

$3k^2-16k-98=0$

$k=\dfrac{8\pm\sqrt{358}}{3}$ (모순)

(i), (ii), (iii)에서 $k=-5$이고 $a_1=3k-1=-16$일 때, 조건을 만족한다.

따라서 $(a_1)^2=256$

[랑데뷰팁]

끝항이 -3, 그 전항이 -1이므로 역 추적해서 구해도 된다.

111 정답 ④

a_1이 자연수이고 2이상의 모든 자연수 n에 대하여 $(n-1)a_1$도 자연수이므로

$$a_{n+1}=\begin{cases}(n-1)a_1 & (a_n<0)\\ a_n-3 & (a_n\geq 0)\end{cases}$$

에서 수열 $\{a_n\}$의 모든 항은 -3이상인 정수이다.

$a_7<0$이면 $a_8=7a_1>0$이므로 $a_8<0$에 모순이다.

따라서 $a_7\geq 0$이고 $a_8=a_7-3<0$이므로

$0\leq a_7<3$이다.

즉, a_7의 값은 0, 1, 2가 가능하다.

(i) $a_7=0$일 때,

a_7은 자연수가 아니므로 $a_6=3$

a_6은 4의 배수가 아니므로 $a_5=6$

a_5는 3의 배수이므로

① $a_5=3a_1$일 때,

$a_1=2$, $a_2=-1$, $a_3=2$, $a_4=-1$, $a_5=3\times a_1=6$

로 만족한다.

$\therefore a_1=2$

② $a_5=a_4-3$일 때, $a_4=9$

a_4가 2의 배수가 아니므로 $a_3=12$

$a_3=12$, $a_2=15$, $a_1=18$

$\therefore a_1=18$

(ii) $a_7=1$일 때,

a_7은 5의 배수가 아니므로 $a_6 = 4$

① a_6은 4의 배수이므로

㉠ $a_6 = 4a_1$일 때로 보면 $a_1 = 1$이고

$a_2 = -2$, $a_3 = 1 \times a_1 = 1$, $a_4 = -2$, $a_5 = 3 \times a_1 = 3$,

$a_6 = 0 \neq 4$으로 모순

㉡ $a_6 = a_5 - 3$으로 볼 때, $a_5 = 7$

a_5는 3의 배수가 아니므로 $a_4 = 10$

② a_4는 2의 배수이므로

㉠ $a_4 = 2 \times a_1$에서 $a_1 = 5$

$a_2 = 2$, $a_3 = -1$, $a_4 = 2 \times a_1 = 10$

$\therefore a_1 = 5$

㉡ $a_4 = a_3 - 3$으로 볼 때, $a_3 = 13$

$a_2 = 16$, $a_1 = 19$

$\therefore a_1 = 19$

(iii) $a_7 = 2$일 때,

a_7은 5의 배수가 아니므로 $a_6 = 5$

a_6은 4의 배수가 아니므로 $a_5 = 8$

a_5는 3의 배수가 아니므로 $a_4 = 11$

a_4는 2의 배수가 아니므로 $a_3 = 14$

$a_2 = 17$, $a_1 = 20$

$\therefore a_1 = 20$

(i), (ii), (iii)에서 가능한 a_1의 값의 합은

$2 + 18 + 5 + 19 + 20 = 64$

112 정답 ⑤

$S_n = \dfrac{n\{2a_1 + (n-1)d\}}{2} = \dfrac{d}{2}n^2 + \dfrac{2a_1 - d}{2}n$으로 등차수열의

합 S_n은 상수항이 0인 n에 관한 2차식으로 나타난다.

S_n이 최댓값을 가지려면 $d < 0$이다.

또한 S_n을 이차함수로 생각할 때, 조건 (가)을 만족하기

위해서는

$S_n = \dfrac{d}{2}\left(n - \dfrac{41}{2}\right)^2 + q$

$\rightarrow (1, 40), (2, 39), \cdots, (20, 21), \cdots, (39, 2), (40, 1)$

또는 $S_n = \dfrac{d}{2}(n - 21)^2 + q$ 꼴이다.

$\rightarrow (1, 41), (2, 40), \cdots, (20, 22), \cdots, (40, 2), (41, 1)$

따라서

$S_n = \dfrac{d}{2}n^2 + \dfrac{2a_1 - d}{2}n$

$\quad = \dfrac{d}{2}\left(n^2 + \dfrac{2a_1 - d}{d}n\right)$

$= \dfrac{d}{2}\left(n + \dfrac{2a_1 - d}{2d}\right)^2 + q$

따라서 $\dfrac{2a_1 - d}{2d} = -\dfrac{41}{2}$, $\dfrac{2a_1 - d}{2d} = -21$을 만족한다.

(i) $\dfrac{2a_1 - d}{2d} = -\dfrac{41}{2}$일 때,

$4a_1 - 2d = -82d \rightarrow 4a_1 = -80d \rightarrow a_1 = -20d$

$d \neq -1$이므로 (나)조건에 모순이다.

(ii) $\dfrac{2a_1 - d}{2d} = -21$일 때,

$2a_1 - d = -42d \rightarrow 2a_1 = -41d$

따라서 $a_1 = 41$, $d = -2$일 때 (나)조건을 만족한다.

따라서

$S_n = \dfrac{n\{82 + (n-1) \times (-2)\}}{2}$

$\quad = n(-n + 42)$

$\quad = -n^2 + 42n$

$\quad = -(n-21)^2 + 441$

$S_n \leq 441$으로 S_n의 최댓값은 441이다.

113 정답 11

[출제자 : 정일권T]

$a_5 = 16$일 때,

$|a_4| \leq 4$ 이면

$2^{|a_4|} = 16 \ \Rightarrow \ 2^{|a_4|} = 2^4 \ \Rightarrow \ a_4 = 4$ 또는 $a_4 = -4$

$|a_4| > 4$ 이면

$-4 + |a_4| = 16 \ \Rightarrow \ |a_4| = 20 \ \Rightarrow \ a_4 = 20$ 또는 $a_4 = -20$

그러므로 $a_4 = 4$ 또는 $a_4 = -4$ 또는 $a_4 = 20$ 또는 $a_4 = -20$

(i) $a_4 = 4$일 때,

$|a_3| \leq 4$ 이면

$2^{|a_3|} = 4 \ \Rightarrow \ 2^{|a_3|} = 2^2 \ \Rightarrow \ a_3 = 2$ 또는 $a_3 = -2$

$|a_3| > 4$ 이면

$-4 + |a_3| = 4 \ \Rightarrow \ |a_3| = 8 \ \Rightarrow \ a_3 = 8$ 또는 $a_3 = -8$

(ii) $a_4 = -4$일 때,

만족하는 a_3의 값이 존재하지 않는다.

(iii) $a_4 = 20$일 때,

$|a_3| \leq 4$ 이면

$2^{|a_3|} = 20 \ \Rightarrow \ $ 만족하는 정수가 존재하지 않는다.

$|a_3| > 4$ 이면

$-4 + |a_3| = 20 \ \Rightarrow \ |a_3| = 24 \ \Rightarrow \ a_3 = 24$ 또는 $a_3 = -24$

(ii) $a_4 = -20$일 때,

만족하는 a_3의 값이 존재하지 않는다.

따라서 $a_3 = 2$ 또는 $a_3 = -2$ 또는 $a_3 = 8$ 또는 $a_3 = -8$ 또는

$a_3 = 24$ 또는 $a_3 = -24$

같은 방법으로 만족하는 수열의 항을 나열하면 다음과 같다.

a_5	a_4	a_3	a_2	a_1
16	4	2	1	0
				5
				-5
			-1	×
			6	10
				-10
			-6	×
		-2	×	
		8	3	7
				-7
			-3	×
			12	16
				-16
			-12	×
		-8	×	
	-4	×		
	20	24	28	32
				-32
			-28	×
		-24	×	
	-20	×		

따라서 a_1의 서로 다른 값의 개수는 11이다.

114 정답 22

[출제자 : 서태욱T]

조건 (나)에서 a_k가 홀수인지 짝수인지의 여부가 중요하므로 공차 d가 홀수인 경우와 짝수인 경우로 나누어 생각해보자.

(i) $d=2n-1$ (n은 자연수)인 경우

	a_m	a_{m+1}	a_{m+2}	a_{m+3}
①	홀수	짝수	홀수	짝수
②	짝수	홀수	짝수	홀수

①의 경우 :

$$\sum_{k=m}^{m+3}\left\{(-1)^{a_k}\times a_k\right\}=-a_m+a_{m+1}-a_{m+2}+a_{m+3}=0$$

$\Rightarrow a_m+a_{m+2}=a_{m+1}+a_{m+3}$

$\Rightarrow a_{m+1}=a_{m+2}$ ($\because$ 등차중항 성질)

$\Rightarrow d=0$

그런데 이는 d가 홀수라는 가정에 모순이다.

②의 경우 :

①과 같은 이유로 모순이 발생한다.

(ii) $d=2n$ (n은 자연수)인 경우

	a_m	a_{m+1}	a_{m+2}	a_{m+3}
①	홀수	홀수	홀수	홀수
②	짝수	짝수	짝수	짝수

①의 경우 :

$$\sum_{k=m}^{m+3}\left\{(-1)^{a_k}\times a_k\right\}=-a_m-a_{m+1}-a_{m+2}-a_{m+3}=0$$

$\Rightarrow a_m+a_{m+1}+a_{m+2}+a_{m+3}=0$

②의 경우 : $a_1=-45$이므로 가능하지 않다.

즉, $a_m+a_{m+1}+a_{m+2}+a_{m+3}=0$이고

$a_m+a_{m+3}=a_{m+1}+a_{m+2}$이므로

$a_{m+1}+a_{m+2}=0$이다. ...... ㉠

$\Rightarrow a_1+md+a_1+(m+1)d=0$

$\Rightarrow 2a_1+(2m+1)d=0$

$\Rightarrow (2m+1)d=90$

따라서 (i), (ii)에 의해 공차는 짝수이고 $(2m+1)d=90$이다.

$\Rightarrow (2m+1)d=2\times 3^2\times 5$

$2m+1$이 홀수, d가 짝수이므로

순서쌍 $(2m+1,\ d)$는

$(3,\ 30),\ (5,\ 18),\ (9,\ 10),\ (15,\ 6),\ (45,\ 2)$이다.

따라서 순서쌍 $(m,\ d)$는

$(1,\ 30),\ (2,\ 18),\ (4,\ 10),\ (7,\ 12),\ (22,\ 4)$

이때 $a_1=-45$이고 ㉠에 의하여 수열 $\{a_n\}$은 $m+1$째 항까지 음수이고 $m+2$째 항부터는 양수이다.

따라서 $\sum_{k=1}^{m}\dfrac{a_k}{|a_k|}=\sum_{k=1}^{m}\dfrac{a_k}{-a_k}=-m$이다.

이 값은 $m=22$일 때 최솟값 -22를 갖는다.

$\alpha=-22$이므로

$|\alpha|=22$

115 정답 24

$a_m<0,\ a_{m-1}\geq 0,\ a_{m-2}>0$이므로

$a_m=a_{m-1}-d,\ a_{m-1}=a_{m-2}-d$이다.

(가)에서

$a_{m-2}+a_{m-1}+a_m$

$=(a_{m-1}+d)+a_{m-1}+(a_{m-1}-d)=3a_{m-1}=0$

따라서 $a_{m-1}=0$

따라서 $a_m=-d$

(나)에서 좌변은 a_1-d이고

$a_{m+1}=2a_m+3d=-2d+3d=d>0$

$a_{m+2}=a_{m+1}-d=d-d=0$

이므로 우변은 $6(d+0)=6d$

따라서 $a_1-d=6d$

$\therefore a_1=7d$

(다)에서 $\sum_{k=1}^{m}a_k=\sum_{k=1}^{m-1}a_k+a_m$이므로

$\{a_n\}$은 a_1부터 a_{m-1}까지는 공차가 $-d$인 등차수열이다.

$\sum_{k=1}^{m-1}a_k=\dfrac{(m-1)(a_1+a_{m-1})}{2}=\dfrac{(m-1)a_1}{2}=\dfrac{7d(m-1)}{2}$,

$a_m=-d$

$$\sum_{k=1}^{m} a_k = \frac{7d(m-1)}{2} - d = 81$$

$7d(m-1) - 2d = 162$

$\therefore d(7m-9) = 162$

$(m-1)(a_1+1) = 90$

$\Rightarrow (m-1)(9d-18) = 90$

$\Rightarrow (m-1)(d-2) = 10$

d가 자연수 이므로

d	$7m-9$	
2	81	$m = \dfrac{90}{7}$ (모순)
3	54	$m = 9$
6	27	$m = \dfrac{36}{7}$ (모순)
9	18	$\dfrac{27}{7}$ (모순)

따라서 $d=3$, $m=9$

$a_1 + a_{m-2} = 7d + d = 8d = 24$

116 정답 ④

(나)에서

$n=2$을 대입하면 $a_6 = a_7 = \begin{cases} -2a_2 - 1 = 2 & (a_2 \le 0) \\ a_2 - 2 = 2 & (a_2 > 0) \end{cases}$

에서 $a_2 = -\dfrac{3}{2}$ 또는 $a_2 = 4$이다.

모든 항이 정수이므로 $a_2 = 4$이다.

(나)에서

$n=1$을 대입하면 $a_2 = a_3 = \begin{cases} -2a_1 - 1 = 4 & (a_2 \le 0) \\ a_1 - 2 = 4 & (a_2 > 0) \end{cases}$

에서 $a_1 = -\dfrac{5}{2}$ 또는 $a_1 = 6$이다.

모든 항이 정수이므로 $a_1 = 6$

따라서

$a_1 = 6$

$n=1$을 (나), (다)에 대입하면

$a_2 = a_3 = 4$, $a_4 = a_5 = 2$

$\Rightarrow \sum_{n=1}^{5} a_n = 18$

$n=2$, $n=3$을 (나), (다)에 대입하면

$a_6 = a_7 = a_{10} = a_{11} = 2$, $a_8 = a_9 = a_{12} = a_{13} = 0$

$\Rightarrow \sum_{n=1}^{13} a_n = 18 + 8 + 0 = 26$

$n=4$, $n=5$을 (나), (다)에 대입하면

$a_{14} = a_{15} = a_{18} = a_{19} = 0$, $a_{16} = a_{17} = a_{20} = a_{21} = -2$

$\Rightarrow \sum_{n=1}^{21} a_n = 26 + 0 - 8 = 18$

$n=6$, $n=7$을 (나), (다)에 대입하면

$a_{22} = a_{23} = a_{26} = a_{27} = 0$, $a_{24} = a_{25} = a_{28} = a_{29} = -2$

$\Rightarrow \sum_{n=1}^{29} a_n = 18 + 0 - 8 = 10$

$n=8$, $n=9$을 (나), (다)에 대입하면

$a_{30} = a_{31} = a_{34} = a_{35} = -1$, $a_{32} = a_{33} = a_{36} = a_{37} = -2$

$\sum_{n=1}^{29} a_n + a_{30} + a_{31} + a_{32} + a_{33} + a_{34} + a_{35} + a_{36}$

$= 10 + (-1) + \cdots + (-1) + (-2) = 0$

따라서 $\sum_{n=1}^{36} a_n = 0$

그러므로 m의 최솟값은 36이다.

117 정답 (1) 30 (2) 9

(1)

(i)

$a_{3n+1} = a_n + 1$에서 $a_1 = 1$이므로

$a_{3n} = a_n$에서 $n = 3^m$일 때, $a_n = 1$이므로

$n = 3^m + 1$일 때, $a_n = 2$이다.

그러므로

k가 $3+1$, 3^2+1, 3^3+1, 3^4+1 일 때, $a_k = 2$이다.

즉, $a_4 = a_{10} = a_{28} = a_{82} = 2$ $\cdots \bigcirc$

따라서 4개

(ii)

$a_{3n+1} = a_n + 1$에서 $a_2 = 1$이므로

$a_{3n} = a_n$에서 $n = 2 \times 3^m$일 때, $a_n = 1$이므로

$n = 2 \times 3^m + 1$일 때, $a_n = 2$이다.

그러므로

k가 $2 \times 3 + 1$, $2 \times 3^2 + 1$, $2 \times 3^3 + 1$ 일 때, $a_k = 2$이다.

즉, $a_7 = a_{19} = a_{55} = 2$ $\cdots \bigcirc\!\!\!\bigcirc$

따라서 3개

(iii)

$a_{3n+2} = 2a_n$에서 $a_1 = 1$이므로

$a_{3n} = a_n$에서 $n = 3^m$일 때, $a_n = 1$이므로

$n = 3^m + 2$일 때, $a_n = 2$이다.

그러므로

k가 $3+2$, 3^2+2, 3^3+2, 3^4+2 일 때, $a_k = 2$이다.

즉, $a_5 = a_{11} = a_{29} = a_{83} = 2$ $\cdots \boxdot$

따라서 4개

(iv)

$a_{3n+2} = 2a_n$에서 $a_2 = 1$이므로

$a_{3n} = a_n$에서 $n = 2 \times 3^m$일 때, $a_n = 1$이므로

$n = 2 \times 3^m + 2$일 때, $a_n = 2$이다.

그러므로

k가 $2 \times 3 + 2$, $2 \times 3^2 + 2$, $2 \times 3^3 + 2$ 일 때, $a_k = 2$이다.

즉, $a_8 = a_{20} = a_{56} = 2$ ⋯ⓔ⇨3개

(v)

$a_{3n} = a_n$이므로

ⓐ에서

$a_4 = 2$이므로 $a_{12} = 2$, $a_{36} = 2$ ⇨2개

$a_{10} = 2$이므로 $a_{30} = 2$, $a_{90} = 2$ ⇨2개

$a_{28} = 2$이므로 $a_{84} = 2$ ⇨1개

따라서 5개

ⓑ에서

$a_7 = 2$이므로 $a_{21} = 2$, $a_{63} = 2$ ⇨2개

$a_{19} = 2$이므로 $a_{57} = 2$ ⇨1개

따라서 3개

ⓒ에서

$a_5 = 2$이므로 $a_{15} = 2$, $a_{45} = 2$ ⇨2개

$a_{11} = 2$이므로 $a_{33} = 2$, $a_{99} = 2$ ⇨2개

$a_{29} = 2$이므로 $a_{87} = 2$ ⇨1개

따라서 5개

ⓓ에서

$a_8 = 2$이므로 $a_{24} = 2$, $a_{72} = 2$ ⇨2개

$a_{20} = 2$이므로 $a_{60} = 2$ ⇨1개

따라서 3개

그러므로 16개

(i)~(v)에서

$4 + 3 + 4 + 3 + 16 = 30$

[다른 풀이]-오세준T

$$\begin{cases} a_{3n} = a_n & \cdots\cdots ⓐ \\ a_{3n+1} = a_n + 1 & \cdots\cdots ⓑ \\ a_{3n+2} = 2a_n & \cdots\cdots ⓒ \end{cases}$$

라고 하면

(i) $a_1 = 1$이므로 ⓐ에 의해

$a_1 = a_3 = a_9 = a_{27} = a_{81} = 1$

ⓑ, ⓒ에서 $a_n = 1$이면 $a_{3n+1} = 2$, $a_{3n+2} = 2$이므로

$a_1 = 1$에서 $a_4 = a_5 = 2$이고 ⓐ에 의해 $a_4 = a_{12} = a_{36} = 2$,

$a_5 = a_{15} = a_{45} = 2$이므로 6개

$a_3 = 1$에서 $a_{10} = a_{11} = 2$이고 ⓐ에 의해 $a_{10} = a_{30} = a_{90} = 2$,

$a_{11} = a_{33} = a_{99} = 2$이므로 6개

$a_9 = 1$에서 $a_{28} = a_{29} = 2$이고 ⓐ에 의해 $a_{28} = a_{84} = 2$,

$a_{29} = a_{87} = 2$이므로 4개

$a_{27} = 1$에서 $a_{82} = a_{83} = 2$이므로 2개

따라서 $6 + 6 + 4 + 2 = 18$

(ii) $a_2 = 1$이므로 ⓐ에 의해

$a_2 = a_6 = a_{18} = a_{54} = 1$

ⓑ, ⓒ에서 $a_n = 1$이면 $a_{3n+1} = 2$, $a_{3n+2} = 2$이므로

$a_2 = 1$에서 $a_7 = a_8 = 2$이고 ⓐ에 의해 $a_7 = a_{21} = a_{63} = 2$,

$a_8 = a_{24} = a_{72} = 2$이므로 6개

$a_6 = 1$에서 $a_{19} = a_{20} = 2$이고 ⓐ에 의해 $a_{19} = a_{57} = 2$,

$a_{20} = a_{60} = 2$이므로 4개

$a_{18} = 1$에서 $a_{55} = a_{56} = 2$이므로 2개

따라서 $6 + 4 + 2 = 12$

(i), (ii)에서 $18 + 12 = 30$

(2)

$a_1 = 1$, $a_2 = 2$ 에서 $3 \leq n \leq 8$일 때, $0 \leq a_n \leq 3$

$9 \leq n \leq 26$일 때, $-1 \leq a_n \leq 5$

$27 \leq n \leq 80$일 때, $-3 \leq a_n \leq 9$

따라서 80이하의 자연수 n에 대하여 a_n의 최댓값은 9이다.

실제로 $a_{62} = 9$이다.

$a_6 = a_2 + 1 = 3$

$a_{20} = 2a_6 - 1 = 5$

$a_{62} = 2a_{20} - 1 = 9$

제62항이 최댓값이 된다.

118 정답 21

(나)에서 $a_4 \neq a_5$이고 $a_4 = a_6$이다.

(가)에서 $n \geq 2$에서 $a_n \leq 2$이다.

$a_5 = 2 - |a_4 + 1|$

$a_6 = 2 - |a_5 + 1| = 2 - |3 - |a_4 + 1||$

$|3 - |a_4 + 1|| = 2 - a_6$이다.

$a_4 = a_6 = x$라 하면

$|3 - |x + 1|| = 2 - x \cdots$ⓐ

(i) $x < -4$이면

ⓐ의 $|4 + x| = 2 - x$에서

$-4 - x = 2 - x$이므로 모순

(ii) $-4 \leq x < -1$이면

ⓐ의 $|4 + x| = 2 - x$에서

$4 + x = 2 - x$에서 $x = -1$이므로 모순

(iii) $-1 \leq x \leq 2$이면

ⓐ의 $|2 - x| = 2 - x$에서

$2 - x = 2 - x$이므로 $x = -1$, 0, 1, 2

가 가능하다.

(1) $a_4 = -1$, $a_6 = -1$이면

$a_6 = 2 - |a_5 + 1| = -1$에서 $a_5 = 2$ 또는 $a_5 = -4$

$a_5 = 2$이면 $a_5 = 2 - |a_4 + 1| = 2$에서 $a_4 = -1$로 가능
$a_5 = -4$이면 $a_5 = 2 - |a_4 + 1| = -4$에서
모순$(a_4 = -1)$
$a_4 = 2 - |a_3 + 1| = -1$에서 $a_3 = 2$ 또는 $a_3 = -4$

$a_3 = 2$이면 $a_3 = a_5 = 2$로 모순

$a_3 = -4$이면 $a_3 = 2 - |a_2 + 1| = -4$에서
$a_2 = -7 \ (a_n \leq 2)$

$a_2 = -7$이면 $a_2 = 2 - |a_1 + 1| = -7$에서
$a_1 = 8 \ (a_1 > 0)$
$a_1 = 8$, $a_2 = -7$, $a_3 = -4$, $a_4 = -1$, $a_5 = 2$, $a_6 = -1$로
조건을 만족한다.

(2) $a_4 = 0$, $a_6 = 0$이면
$a_6 = 2 - |a_5 + 1| = 0$에서 $a_5 = 1$ 또는 $a_5 = -3$

$a_5 = 1$이면 $a_5 = 2 - |a_4 + 1| = 1$에서 $a_4 = 0$로 가능
$a_5 = -3$이면 $a_5 = 2 - |a_4 + 1| = -3$에서
모순$(a_4 = -1)$
$a_4 = 2 - |a_3 + 1| = 0$에서 $a_3 = 1$ 또는 $a_3 = -3$
$a_3 = 1$이면 $a_3 = a_5 = 1$로 모순

$a_3 = -3$이면 $a_3 = 2 - |a_2 + 1| = -3$에서
$a_2 = -6 \ (a_n \leq 2)$

$a_2 = -6$이면 $a_2 = 2 - |a_1 + 1| = -6$에서
$a_1 = 7 \ (a_1 > 0)$
$a_1 = 7$, $a_2 = -6$, $a_3 = -3$, $a_4 = 0$, $a_5 = 1$, $a_6 = 0$로 조건을
만족한다.

(3) $a_4 = 1$, $a_6 = 1$이면
$a_6 = 2 - |a_5 + 1| = 1$에서 $a_5 = 0$ 또는 $a_5 = -2$

$a_5 = 0$이면 $a_5 = 2 - |a_4 + 1| = 0$에서 $a_4 = 1$로 가능
$a_5 = -2$이면 $a_5 = 2 - |a_4 + 1| = -2$에서
모순 $(a_4 = 1)$

$a_4 = 2 - |a_3 + 1| = 1$에서 $a_3 = 0$ 또는 -2
$a_3 = 0$이면 $a_3 = a_5 = 0$로 모순
$a_3 = -2$이면 $a_3 = 2 - |a_2 + 1| = -2$에서
$a_2 = -5 \ (a_n \leq 2)$

$a_2 = -5$이면 $a_2 = 2 - |a_1 + 1| = -5$에서
$a_1 = 6 \ (a_1 > 0)$
$a_1 = 6$, $a_2 = -5$, $a_3 = -2$, $a_4 = 1$, $a_5 = 0$, $a_6 = 1$로 조건을
만족한다.

(4) $a_4 = 2$, $a_6 = 2$이면
$a_6 = 2 - |a_5 + 1| = 2$에서 $a_5 = -1$

$a_5 = -1$이면 $a_5 = 2 - |a_4 + 1| = -1$에서 $a_4 = 2$로 가능

$a_4 = 2 - |a_3 + 1| = 2$에서 $a_3 = -1$

$a_3 = -1$이면 $a_3 = a_5 = -1$로 모순

(1)~(4)에서 a_1의 값으로 가능한 수는 6, 7, 8이다.
따라서 $6 + 7 + 8 = 21$

119 정답 9

(가)에서 $n = 2$을 대입하면 $S_3 = a_1$이므로
$a_1 + a_2 + a_3 = a_1$
따라서 $a_3 = -a_2$
$a_2 = x$라 두면 $a_3 = -x$이다.

(나)에서 $a_1 a_2 = a_1 x$, $a_2 a_3 = -x^2$에서 $\dfrac{a_2 a_3}{a_1 a_2} = -\dfrac{x}{a_1}$으로 수열

$\{a_n a_{n+1}\}$은 공비가 $-\dfrac{x}{a_1}$인 등비수열이다. 즉, $r = -\dfrac{x}{a_1}$이다.
$\cdots \bigcirc$
$b_n = a_n a_{n+1}$이라 할 때,
$b_1 = a_1 x$,
$b_n = a_1 x \times \left(-\dfrac{x}{a_1}\right)^{n-1} = (-1)^{n-1}\left(\dfrac{x^n}{a_1^{n-2}}\right)$

$a_{n+1} = \dfrac{b_n}{a_n}$이므로

$a_{n+1} = (-1)^{n-1}\left(\dfrac{x^n}{a_1^{n-2}}\right) \times \dfrac{1}{a_n}$

$a_3 = -x$이므로 $a_4 = \left(\dfrac{x^3}{a_1}\right) \times \dfrac{1}{-x} = -\dfrac{x^2}{a_1}$

$a_4 = -\dfrac{x^2}{a_1}$이므로 $S_5 = a_1$에서 $a_5 = \dfrac{x^2}{a_1}$

$a_5 = \dfrac{x^2}{a_1}$이므로 $a_6 = \left(\dfrac{x^5}{a_1^3}\right) \times \left(\dfrac{a_1}{x^2}\right) = \dfrac{x^3}{a_1^2}$

$a_6 = -\dfrac{x^3}{a_1^2}$이므로 $S_7 = a_1$에서 $a_7 = -\dfrac{x^3}{a_1^2}$

$a_7 = -\dfrac{x^3}{a_1^2}$ 이므로 $a_8 = (-1)^6\left(\dfrac{x^7}{a_1^5}\right) \times \left(-\dfrac{a_1^2}{x^3}\right) = -\dfrac{x^4}{a_1^3}$

$S_8 = S_7 + a_8 = a_1 + a_8 = -80a_1$

에서 $a_8 = -81a_1$

$a_8 = -\dfrac{x^4}{a_1^3} = -81a_1$

$x^4 = (3a_1)^4$

$x = \pm 3a_1$ 이다.

㉠에서 $r = -\dfrac{x}{a_1} = \pm 3$

따라서 $r^2 = 9$ 이다.

[다른 풀이]

$a_1 = 1$ 로 두고 풀어도 일반성을 잃지 않는다.

$a_1 = 1$, $a_2 = x$, $a_3 = -x$ 라 두면

$a_1 a_2 = x$, $a_2 a_3 = -x^2$ 이므로 $r = -x$ 이다.

따라서 $a_3 a_4 = x^3$ 이므로 $a_4 = -x^2$

$\cdots$

그러므로 $a_8 = -x^4$ 이다.

$S_8 = 1 + a_8 = 1 - x^4 = -80$ 에서

$x^4 = 81$

$\therefore \ x = \pm 3$ 이다.

따라서 $r = \pm 3$ 이므로 $r^2 = 9$ 이다.

120 정답 512

주어진 부등식에서 자연수 k 의 범위는

$\dfrac{1}{m+2} < \dfrac{a_m}{k} \leq \dfrac{1}{m}$

$m \leq \dfrac{k}{a_m} < m+2$

$ma_m \leq k < (m+2)a_m$ 이므로 k 의 개수 a_{m+1} 은

$a_{m+1} = (m+2)a_m - ma_m = 2a_m$

$a_1 = 1$ 이고 $a_{m+1} = 2a_m$ 이므로 $a_m = 2^{m-1}$ 이다.

$a_{10} = 2^9 = 512$ 이다.

121 정답 27

조건 (가), (나)에서

$a_1 + a_2 + a_3 + a_4 = 22$,

$a_{n-3} + a_{n-2} + a_{n-1} + a_n = 12n - 26$

$\therefore \ a_1 + a_2 + a_3 + a_4 + a_{n-3} + a_{n-2} + a_{n-1} + a_n = 12n - 4$

이때, 수열 $\{a_n\}$ 이 등차수열이므로

$a_1 + a_n = a_2 + a_{n-1} = a_3 + a_{n-2} = a_4 + a_{n-3}$ 에서

$4(a_1 + a_n) = 12n - 4$

$\therefore \ a_1 + a_n = 3n - 1$

따라서 $\{a_n\}$ 의 첫째항을 a_1 공차를 d 라 하면

$a_1 + a_1 + (n-1)d = 3n - 1$ 이 성립한다.

$dn + 2a_1 - d = 3n - 1$ 에서 $d = 3$, $a_1 = 1$

(다)에서 $S_{20} = S_n - S_{20} + 100$

$\therefore \ 2S_{20} = S_n + 100$

$2 \times \dfrac{20(2 + 19 \cdot 3)}{2} = \dfrac{n\{2 + (n-1)3\}}{2} + 100$

$40 \times 59 = n(3n - 1) + 200$

$3n^2 - n - 2160 = 0$

$(n - 27)(3n + 80) = 0$

$\therefore n = 27$

122 정답 9

n 개의 실수 $a_1, a_2, a_3, \cdots, a_n$ 은 $-2, -1, 1$ 중 하나의

값을 가지므로 -2의 개수를 x, -1의 개수를 y, 1의 개수를

z 라 두면

$\displaystyle\sum_{k=1}^{n} |a_k| = 13 \ \rightarrow \ 2x + y + z = 13$

$\displaystyle\sum_{k=1}^{n} a_k{}^2 = 19 \ \rightarrow \ 4x + y + z = 19$

이므로 $2x = 6$ 에서 $x = 3$ 이다.

또한 $y + z = 7$ 이고 음수를 뽑을 확률이 $\dfrac{1}{2}$ 에서

$\dfrac{x+y}{x+y+z} = \dfrac{1}{2} \ \rightarrow \ \dfrac{3+y}{10} = \dfrac{1}{2}$ 이므로 $y = 2$ 이다.

$\therefore \ z = 5$

$\displaystyle\sum_{k=1}^{n} a_k = (-2) \times 3 + (-1) \times 2 + (1) \times 5 = -3$

$b = -3$ 이므로 $b^2 = 9$

123 정답 110

n 이 홀수이므로 $n = 2m + 1$ (m은 음이 아닌 정수)로 놓으면

b의 값은 $0, 1, 2, \cdots, m$ 중 하나이다.

$b = k$ 일 때, $0 \leq a \leq 2k \leq c \leq 2m + 1$을 만족시키는 정수

a, c의 순서쌍 (a, c)의 개수를 N_k 라 하자.

a의 값은 0부터 $2k$까지 $(2k+1)$개이고, c의 값은 $2k$부터

$2m + 1$까지 $(2m + 2 - 2k)$개이므로

$N_k = (2k+1)(2m + 2 - 2k)$

$\quad = 2(2k+1)(m + 1 - k)$

$\quad = 2\{-2k^2 + (2m+1)k + m + 1\}$

이므로 구하는 순서쌍의 개수 a_n은

$a_n = \displaystyle\sum_{k=0}^{m} N_k$

$\quad = 2\displaystyle\sum_{k=0}^{m} \{-2k^2 + (2m+1)k + m + 1\}$

$$= -4\sum_{k=0}^{m} k^2 + 2(2m+1)\sum_{k=0}^{m} k + 2(m+1)\sum_{k=0}^{m} 1$$

$$= -4 \times \frac{m(m+1)(2m+1)}{6} + 2(2m+1) \times \frac{m(m+1)}{2}$$
$$+ 2(m+1)(m+1)$$

$$= -\frac{2}{3}m(m+1)(2m+1) + m(m+1)(2m+1) + 2(m+1)^2$$

$$= \frac{1}{3}m(m+1)(2m+1) + 2(m+1)^2$$

$$= \frac{1}{3}(m+1)\{m(2m+1) + 6(m+1)\}$$

$$= \frac{1}{3}(m+1)(2m^2 + 7m + 6)$$

$$= \frac{1}{3}(m+1)(m+2)(2m+3)$$

$$= \frac{(n+1)(n+2)(n+3)}{12} \quad \left(\because m = \frac{n-1}{2}\right)$$

$$\therefore a_n = \frac{(n+1)(n+2)(n+3)}{12}$$

$$\sum_{i=1}^{9} \frac{a_{2i-1}}{2i+1}$$

$$= \sum_{i=1}^{9} \frac{2i(2i+1)(2i+2)}{12(2i+1)}$$

$$= \sum_{i=1}^{9} \frac{i(i+1)}{3}$$

$$= \frac{1}{3} \times \frac{9 \times 10 \times 11}{3} \quad \left(\because \sum_{k=1}^{n} k(k+1) = \frac{n(n+1)(n+2)}{3}\right)$$

$$= 110$$

124 정답 ③

$a_n = 2$이면 (가)에서 $a_{n+1} = \frac{1}{2} \times 2 + 1 = 2$이다.

(나)에 의해 $a_6 = a_7 = a_8 = \cdots = 2$이다.

따라서 $a_5 = \begin{cases} 3 \\ 2 \end{cases}$ 에서 $a_5 \neq 2$이므로 $a_5 = 3$

$\sum_{k=1}^{6}$							$\{a_n\}$				
	a_1	a_2	a_3	a_4	a_5	a_6	a_7	a_8	a_9	a_{10}	$\cdots$
69	33	17									
68	32										
66	31	16	9								
65	30			5							
62	29	15									
61	28		8								
	27	14									
	26				3	2	2	2	2	2	$\cdots$
25		13									
24			7								
23		12									
22				4							
21		11									
20			6								
19		10									
18											

$\sum_{k=1}^{6} a_k = 65$에서 $a_6 = 2$이므로

$a_1 = 30$

$a_2 = 16$

$a_3 = 9$

$a_4 = 5$

$a_5 = 3$

$a_6 = 2$

이다.

$\therefore a_2 + a_4 = 16 + 5 = 21$

125 정답 ③

$a_4 = -1$ 임을 이용하여 다음 〈표〉와 같이 a_1을 생각해보자.

$\sin, \cos$의 부호관계를 주의하여 a_1의 가능한 값은 다음과 같다.

a_1	a_2	a_3	a_4
6			
7	-3		
-5			
8		2	
-7	4		
9			
-10	5		
-12	-6	3	
-3			-1
4	2		
5			
-6	3		
2		-1	
3	-1		
-1			

이에 a_1의 값을 작은 수부터 차례로 나열한 값은
$\alpha_1, \alpha_2, \alpha_3, \cdots, \alpha_{15}$ 이며,

α_1	α_2	α_3	α_4	α_5	α_6	α_7	α_8
-12	-10	-7	-6	-5	-3	-1	2

α_9	α_{10}	α_{11}	α_{12}	α_{13}	α_{14}	α_{15}
3	4	5	6	7	8	9

$m = 15$, $\alpha_2 = -10$, $\alpha_{14} = 8$ 이므로
$m + \alpha_2 + \alpha_{m-1} = 13$임을
알 수 있다.

랑데뷰 N제

킬러 난이도와 그 이상의 고난도 문항 탑재

수학 I - 킬러극킬

본 교재의 정오표 및 첨부 파일은
atom.ac의 본 교재 페이지에서 다운로드 하실 수 있습니다.